Bimal P. Bashir
Thirupathy Venkatachalapathy R.
Raut Pramod K.

Um estudo sobre a formação em AICRP (Unidade Malabari) para criadores de cabras em Kerala

Bimal P. Bashir
Thirupathy Venkatachalapathy R.
Raut Pramod K.

Um estudo sobre a formação em AICRP (Unidade Malabari) para criadores de cabras em Kerala

ScienciaScripts

Imprint
Any brand names and product names mentioned in this book are subject to trademark, brand or patent protection and are trademarks or registered trademarks of their respective holders. The use of brand names, product names, common names, trade names, product descriptions etc. even without a particular marking in this work is in no way to be construed to mean that such names may be regarded as unrestricted in respect of trademark and brand protection legislation and could thus be used by anyone.

Cover image: www.ingimage.com

This book is a translation from the original published under ISBN 978-3-330-34596-6.

Publisher:
Sciencia Scripts
is a trademark of
Dodo Books Indian Ocean Ltd. and OmniScriptum S.R.L publishing group

120 High Road, East Finchley, London, N2 9ED, United Kingdom
Str. Armeneasca 28/1, office 1, Chisinau MD-2012, Republic of Moldova, Europe
Printed at: see last page
ISBN: 978-620-7-66188-6

Autores do livro

1. Dr. Bimal.P.Bashir, MVSc., Ph.D.,
   Bolseiro de investigação sénior - AICRP sobre caprinos (Malabari
   Unidade),
   Centro de Estudos Avançados em Genética Animal e
   Criação,
   Faculdade de Ciências Veterinárias e Animais,
   Mannuthy, Thrissur, Kerala, Índia.
   Pin- 680651, Mob:- +91 9446714462
   Correio eletrónico - bimalpbashirdrvet@gmail.com
2. Dr. Thirupathy Venkatachalapathy R., MVSc., Ph.D.,
   Professor associado e diretor da exploração de caprinos,
   Investigador principal - AICRP sobre caprinos (Unidade Malabari), Centro de
   Estudos Avançados em Genética Animal e
   Criação,
   Faculdade de Veterinária e Ciências Animais, Mannuthy, Thrissur, Kerala, Índia.
   Pin- 680651, Mob:- +91 9747728625
   Correio eletrónico - thirupathy@kvasu.ac .in
3. Dr. P K Rout, MVSc., Ph.D.,
   Unidade de coordenação do projeto - AICRP sobre caprinos,
   CIRG, Makhdoom, Farah
   Mathura, UP, Pincode-281122 Índia
   Telefone. +91-565-2763325(O), Fax. 2763325
   Enviar para - pcgaicrp@gmail.com, pramod_rout@icar.gov.in

AGRADECIMENTOS

Expresso a minha infinita gratidão e os meus sinceros agradecimentos à minha respeitada e amada professora, Dra. Sumena, K.B., Professora Assistente do Departamento de Anatomia Veterinária, por ter orientado o meu trabalho de investigação. Considero-me sortuda por a ter como minha orientadora. Agradeço-lhe a sua orientação excelente e académica. Acima de tudo, reconheço com satisfação o seu brilhantismo na resolução de problemas, o que me salvou muitas vezes da angústia.

Dr. T. P. Sethumadhavan, Diretor de Empreendedorismo, por ter influenciado de forma indiscutível a estratégia do meu trabalho. Recordo com imensa gratidão o interesse que dedicou ao meu projeto e o constante encorajamento que me deu.

Tenho a sorte de ter o Dr. R. Thirupathy Venkatachalapathy, Professor Associado e Investigador Principal, All India Co-ordinated Research Project on Goat, que também me ajudou durante o trabalho de investigação. Recordo com imensa gratidão o interesse que demonstrou pelo meu trabalho. .

Estou grato à Dra. Jamuna Valsalan, Professora Assistente e Co-investigadora Principal, All India Co-ordinated Research Project on Goat, pelas valiosas sugestões que apresentou quando as perspectivas deste trabalho pareciam sombrias. Os seus conselhos sobre testes estatísticos são inestimáveis.

Estou grato ao Diretor da Faculdade de Veterinária e Zootecnia por ter disponibilizado as instalações para o estudo.

Agradecimentos e gratidão com extrema fidelidade são devidos à Goat and Sheep Farm, Mannuthy, aos membros do corpo docente, Nidal, Rajan, Sureesh e Mathews pelo seu apoio e ajuda durante o período de estudo. .

Agradeço a ajuda generosa, a compreensão, o apoio moral e o encorajamento constante dos meus queridos amigos Soumya, Sumithra e Smitha. Presto homenagem a todas elas.

Agradeço a Deepa, Sheeba, Nideesh, Sundaran e Rajitha, pessoal de campo do AICRP (unidade de Malabari) pela assistência e apoio prestados. Agradeço igualmente a todos os outros membros da unidade do AICRP, incluindo o Dr. P.K. Raut, coordenador do projeto, AICRP sobre caprinos, CIRG, Makdoom, Mathura, Uttar Pradesh e outros funcionários do projeto.

Nada pode exprimir o meu amor e a minha dívida para com os membros da minha família, sem cujas orações este estudo não teria passado de um sonho.

Acima de tudo, sem as bênçãos do Todo-Poderoso, nada teria sido possível. Curvo-me perante o Todo-Poderoso pelas bênçãos que me foram concedidas para a conclusão bem sucedida deste curso de estudo.

Por último, mas não menos importante, gostaria de agradecer a todas as pessoas que foram importantes para a conclusão bem sucedida deste trabalho de tese. Apresento também as minhas desculpas por não ter mencionado o nome de cada um.

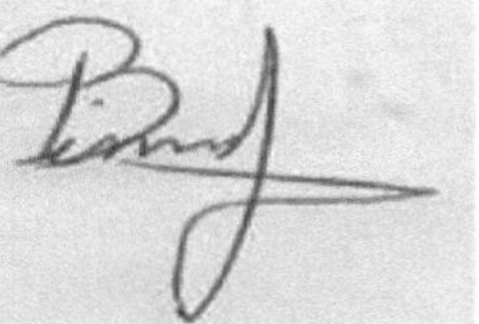

Bimal. P. Bashir.

Dr. Bimal. P. Bashir.

ÍNDICE DE CONTEÚDOS:

ABREVIATURAS

AICRP	: All India Co-ordinate Research Project
NRI	: Non-Resident Indian
SC / ST	: Scheduled Caste / Scheduled Tribe
OBC	: Other Backward Caste
SHG	: Self-help Group
ICT	: Information and Communication Technology
CD	: Compact Disc
TV	: Television
KVASU	: Kerala Veterinary and Animal Sciences University
PPR	: Peste-de Pestis Ruminants
ET	: Enterotoxaemia
FMD	: Foot and Mouth Disease
CIRG	: Central Institute for Research in Goats

CURRICULUM VITAE

Nome do candidato: BIMAL. P. BASHIR

Data de nascimento: 23.09.1982

Local de nascimento: Kozhikode, Kerala.

Domínio principal de especialização: Extensão veterinária e zootécnica

Estatuto académico: Obteve o grau de Mestre em Ciências Veterinárias, em 2010, na Faculdade de Ciências Veterinárias e Animais, Mannuthy, Thrissur, Kerala. Obteve o doutoramento em 2014 na Universidade de Ciências Veterinárias e Animais de Tamil Nadu, Chennai. Obteve o MBA na Universidade de Annamalai, Chithambaram, Tamil Nadu.

Estado civil: Casado

Endereço permanente: Puthuparambil house, Chotti, Chittady.P.O., distrito de Kottayam, Kerala Pin:-686 512.

Publicações efectuadas: Livros = 3 Artigos de investigação = 14 Artigos populares = 5 Dossiers/Folhetos/Manuais = 8

Membros de profissões liberais: Membro vitalício da Sociedade de Educação em Extensão do Conselho Veterinário Indiano, Coimbatore. Membro vitalício da Sociedade Indiana de Pequenos Ruminantes, Avikanagar, Rajasthan. Membro vitalício do Conselho Veterinário do Estado de Kerala, Trivandrum, Kerala

CAPÍTULO 1
INTRODUÇÃO

Entre todas as espécies de animais de criação, a cabra possui vantagens sociais e biológicas distintas e tem sido o recurso de subsistência mais fiável das pessoas pobres desde a sua domesticação durante a Revolução Neolítica, há cerca de 10 milénios. As cabras podem ser mantidas numa área limitada e podem sustentar-se numa grande variedade de vegetação em condições agro-climáticas variadas. As cabras são fáceis de manejar e o seu pequeno tamanho torna-as adequadas para abate doméstico. A carne de cabra (chevon) é um dos tipos de carne mais preferidos pelos consumidores em vários países, incluindo a Índia. O leite de cabra é facilmente digerível devido ao tamanho mais pequeno dos glóbulos de gordura e serve como uma fonte pronta de nutrição familiar, de preferência para crianças, idosos e pessoas doentes. Na Índia, tanto a procura como a produção de carne de cabra registaram um aumento constante na última década. Para satisfazer as necessidades previstas de carne de caprino para a população humana em crescimento na próxima década, é necessário aumentar o número e a produtividade por animal. A criação de cabras desempenha um papel vital na segurança alimentar e económica das populações rurais, especialmente dos agricultores sem terra, marginais e pequenos agricultores (Chander e Rathod, 2015).

As cabras funcionam como um ativo económico pronto a usar em tempos de crise entre os agricultores rurais (Lebbie, 2004). Os sistemas caprinos são dos mais antigos e menos intensificados sistemas de produção animal (Peacock e Sherman, 2010). A fraca produtividade e a falta de conhecimentos científicos sobre a criação de cabras revelam-se as lacunas por detrás da produção de cabras nas zonas rurais da Índia (Mohan et.al., 2009). O estudo sobre o nível de conhecimentos das mulheres criadoras de cabras do distrito de Wayanad, em Kerala, realizado por George, et.al. (2010), revelou que muito poucas mulheres tinham conhecimentos correctos sobre aspectos importantes da criação, alojamento e desparasitação das cabras. No entanto, a maioria dos criadores de cabras está interessada em aprender mais se forem organizadas aulas (Raghavan e Raja, 2012). A criação de cabras tem um enorme potencial para melhorar a segurança alimentar, o emprego e os meios de subsistência das populações rurais. No entanto, é necessária uma política pecuária holística e esforços consistentes para minimizar o défice de conhecimentos tecnológicos. Tendo isto em mente, foi realizado um estudo académico sobre o impacto do programa de formação de empresários conduzido pelo All India Co-ordinated Research Project on Goat Improvement (AICRP) (Unidade Malabari) sobre o ganho de conhecimentos em gestão científica de cabras entre os criadores de cabras em Kerala, com os seguintes objectivos

1) Estudar as características dos participantes e o impacto dos programas de formação no ganho global de conhecimentos sobre o maneio científico das cabras entre os criadores de cabras do estudo.
2) Averiguar a opinião, o grau de satisfação com as instalações fornecidas e as sugestões dos agricultores relativamente aos programas de formação.
3) Descobrir os factores determinantes da aquisição global de conhecimentos sobre o maneio científico das cabras entre os criadores de cabras do estudo.
4) Estudar os constrangimentos e as sugestões dadas pelos participantes para iniciar e manter uma exploração caprina numa base comercial.

Âmbito do estudo

O presente estudo vai revelar os factos relativos ao impacto dos programas de formação do AICRP e às características dos criadores de cabras que participam nos programas de formação. Para além disso, o estudo vai esclarecer as opiniões e sugestões dos produtores relativamente à forma de

6

conduzir os programas de formação, bem como o grau de satisfação relativamente às facilidades oferecidas durante o programa de formação. Os resultados do estudo constituirão um documento importante que será de uso pragmático para os institutos conduzirem futuros programas de formação de uma forma eficaz. Servirá também de base para estudos futuros. Assim, os resultados do estudo serão de grande valor para os administradores, decisores políticos e planeadores, para que possam introduzir os acréscimos/alterações necessários no padrão de trabalho existente desta nova abordagem.

Limitações do estudo

Como este estudo fazia parte de um programa de pós-graduação, o tempo e outros recursos à disposição do estudante investigador eram limitados. Estas limitações determinaram a seleção restrita de apenas sete programas de formação e também a dimensão da amostra, pelo que os resultados têm de ser vistos no contexto específico das condições prevalecentes na área. No entanto, foram adoptados procedimentos cuidadosos e rigorosos para realizar a investigação de forma tão objetiva quanto possível. Mais uma vez, parte do estudo baseou-se nas respostas expressas dos agricultores, que podem não estar isentas dos seus preconceitos individuais. Apesar disso, acredita-se que os resultados apresentados e as conclusões tiradas resistiriam ao teste de uma observação de campo mais rigorosa.

Organização da tese

O estudo é apresentado em cinco capítulos. O primeiro capítulo trata da introdução, que consiste nos objectivos, âmbito e limitações do estudo. O segundo e o terceiro capítulos tratam da revisão da literatura e da metodologia de investigação, respetivamente. Os resultados são apresentados no quarto capítulo, a discussão no quinto capítulo e o resumo no sexto capítulo.

CAPÍTULO 2
REVISÃO DA LITERATURA

Foi feita uma tentativa de rever a literatura direta ou indiretamente relacionada com o presente estudo, que é apresentada nos seguintes subtítulos:

2.1. Estudar o impacto dos programas de formação na aquisição global de conhecimentos sobre o maneio científico das cabras entre os criadores de cabras do estudo.

2.2. Estudar as características dos agricultores que participam nos programas de formação do estudo.

2.3. Averiguar a opinião e o grau de satisfação com as instalações disponibilizadas durante os programas de formação.

2.4. Obter as sugestões dos agricultores relativamente ao programa de formação.

2.5. Descobrir os factores determinantes da aquisição global de conhecimentos sobre o maneio científico das cabras entre os criadores de cabras do estudo.

2.6. Impacto do programa de formação nos conhecimentos gerais adquiridos sobre o maneio científico dos caprinicultores do estudo.

Deshpande et.al. (2009) referiram que a maioria dos criadores de cabras conhecia os sintomas do cio e criava os seus animais de forma judiciosa para evitar a consanguinidade e obter melhores colheitas de cabritos. No entanto, devido à falta de recursos, a gestão dos cuidados de saúde era deficiente e exigia mais formação científica e educação para melhorar os seus meios de subsistência.

Tekale et.al. (2013) referiram que os detentores de cabras necessitavam de formação sobre alimentação e gestão de cuidados de saúde para melhorar o potencial de produção das cabras.

Chethan et al. (2015) também relataram que, para realizar qualquer programa de desenvolvimento pecuário, o nível de conhecimento dos beneficiários desempenha um papel primordial. É também importante incluir programas de formação para os beneficiários, como uma componente do programa. Além disso, a formação deve incidir sobre os aspectos do conhecimento em que os beneficiários revelam lacunas.

Bashir et.al. (2017), no seu estudo entre os criadores de cabras na região norte de Kerala, revelaram que os principais constrangimentos enfrentados pelos agricultores são a escassez de reprodutores superiores, seguida da falta de conhecimentos sobre a criação comercial de cabras, a escassez de forragens e de pastagens, a falta de facilidades de crédito, as fracas infra-estruturas de mercado para as cabras e os produtos caprinos e a indisponibilidade de tratamento e diagnóstico adequados das doenças.

2.7. Características sócio-pessoais e comportamento de procura de informação dos agricultores que participaram no programa de formação do estudo.

Sinn et.al. (1999) referem que a produção de cabras pode ser um instrumento importante para melhorar as condições das mulheres pobres nos países em vias de desenvolvimento, sendo assim vista como uma fonte de emancipação das mulheres pelas agências de desenvolvimento.

Keiko (2011), num inquérito realizado numa aldeia de Tamil Nadu, na Índia, entre os criadores de cabras de diferentes classes económicas, revelou várias dificuldades na criação de cabras e analisa por que razão os pobres das zonas rurais não conseguem criar cabras da forma esperada pelos decisores políticos, questionando assim a eficácia dos regimes de microfinanciamento patrocinados pelo governo na Índia.

A produção de cabras em Kerala centra-se principalmente na sua raça nativa, Malabari (ou Tellicherry), que é reputada pela sua elevada prolificidade, produção de leite, excelente taxa de crescimento e adaptabilidade às condições quentes e húmidas prevalecentes no estado (Alex et. al. 2013).

Singh et.al. (2013), no seu estudo entre criadores de cabras na região de Bundelkhand, sugeriram que a melhoria dos recursos de propriedade comum (pastagens e massas de água), o valor acrescentado da alimentação e das forragens, a colmatação das lacunas de conhecimento e o apoio veterinário são os aspectos fundamentais para a produção sustentável de cabras.

Idade

Sharma et. al. (2007), no seu estudo sobre o estatuto socioeconómico dos criadores de cabras do Rajastão, revelaram que a maioria dos criadores de cabras pertencia ao grupo de meia-idade e a outra categoria de casta atrasada.

Tanwar et. al. (2008) estudaram os aspectos socioeconómicos dos criadores de cabras tribais e as práticas de gestão no Rajastão e revelaram que 62,50% dos inquiridos pertenciam à faixa etária dos 31 aos 50 anos. Este grupo etário de criadores de cabras tinha uma atitude elevada em relação à aprendizagem de novas ideias.

Thombre, et. al. (2010), no seu estudo sobre a adoção de práticas melhoradas de criação de cabras no distrito de Osmanabad, revelou que 43,06% dos inquiridos tinham entre 36 e 50 anos de idade.

Singh et.al. (2014), no seu estudo sobre as perspectivas e os problemas da produção de caprinos na região de Bundelkhand, indicaram que a idade média dos criadores de caprinos era de 42 anos.

Byaruhanga et.al. (2015), no seu estudo sobre os aspectos socioeconómicos da produção de cabras num sistema agro-pastoril rural no Uganda, referiram que cerca de 41,2% dos agricultores tinham mais de 51 anos de idade.

Género

Raghavan e Raja (2012) revelaram que as mulheres se dedicam principalmente à criação de cabras (83,80 por cento) e afirmaram claramente que a criação de cabras na região de Malabar, em Kerala, estava principalmente nas mãos das mulheres.

Narmatha et.al. (2015), no seu estudo sobre a análise do género na participação e no padrão de tomada de decisões dos criadores de cabras em Tamil Nadu, referiram que a maior parte das actividades regulares da criação de cabras era realizada por mulheres, enquanto as actividades ocasionais eram realizadas por homens, embora as mulheres participassem em certa medida. As decisões sobre todas as actividades regulares eram tomadas de forma independente pelas mulheres. Havia uma divisão clara do trabalho entre homens e mulheres na execução das actividades de criação de cabras e independência na tomada de decisões, tanto por parte dos homens como das mulheres, no que respeita às actividades de criação de cabras.

Byaruhanga et.al. (2015), no seu estudo sobre os aspectos socioeconómicos da produção de cabras num sistema agro-pastoril rural no Uganda, referiram que a maioria (87,00%) dos chefes de família era do sexo masculino.

Casta / Religião

Tanwar et. al. (2008) estudaram os aspectos socioeconómicos dos criadores de cabras tribais e as práticas de gestão no Rajastão, tendo revelado que a maioria dos inquiridos (90,83%) pertencia a tribos tradicionais.

Behura et. al. (2009) constataram que, nas aldeias inquiridas, as tribos tradicionais constituíam a maioria dos agregados familiares (67,00%), seguidas das castas gerais (21,00%) e das castas tradicionais (12,00%).

Deshpande et al. (2009), no seu estudo sobre as práticas de criação e de gestão dos cuidados de saúde seguidas pelos criadores de cabras na região sul de Gujarat, referiram que a criação de cabras era mais popular entre as tribos da classe média (45,45%), seguida das pessoas da classe geral (31,38%).

Singh et.al. (2013) referiram que a maioria dos detentores de cabras pertencia à comunidade social mais atrasada (54%), seguida da casta de programação (37%) e da categoria geral (9%).

Educação

Singh e Rai (2006), num estudo efectuado entre os criadores de cabras de Barbari, no Uttar Pradesh, revelaram que a maioria dos criadores de cabras (49,31%) era analfabeta, seguindo-se a alfabetização até ao nível primário (41,30%).

Sharma et. al. (2007), no seu estudo sobre o estatuto socioeconómico dos criadores de cabras do Rajastão, revelaram que a taxa de alfabetização dos criadores de cabras era de 40,00 por cento.

Tanwar et.al. (2008) estudaram os aspectos socioeconómicos dos criadores de cabras tribais e as práticas de gestão no Rajastão e revelaram que a maioria dos inquiridos (71,66%) era analfabeta. Isto indica que os proprietários de cabras necessitam de esforços mais intensos para os educar sobre as práticas modernas de criação de cabras.

Raghavan e Raja (2012) referiram que o estatuto educativo global dos agricultores indicava que 92,00 por cento dos chefes de família tinham instrução, o que está de acordo com a perceção geral da elevada taxa de literacia do estado de Kerala.

Singh et.al. (2013) referiram que o nível de conhecimentos práticos dos criadores de cabras era baixo, apesar de uma boa taxa de alfabetização (>75%).

Ocupação

Sharma et. al. (2007), no seu estudo sobre o estatuto socioeconómico dos criadores de cabras do Rajastão, revelaram que 78,95% dos animais eram cabras.

Thombre, et. al. (2010), no seu estudo sobre a adoção de práticas melhoradas de criação de cabras no distrito de Osmanabad, observaram que cerca de 79,17% dos inquiridos dependiam da criação de cabras e da agricultura.

Deshpande et. al. (2010), no seu estudo sobre o estatuto socioeconómico dos criadores de cabras na região do sul de Gujarat, revelaram que a profissão principal da maioria (68,38%) dos criadores de cabras era o trabalho agrícola associado à criação de animais, especialmente a criação de cabras.

Tudu e Roy (2015a), no seu estudo sobre o perfil socioeconómico das mulheres criadoras de cabras no distrito de Nadia, em Bengala Ocidental, referiram que a criação de cabras é muito popular entre os agricultores sem terra, pequenos e marginais (46,00%), seguidos pelos trabalhadores agrícolas (38,00%), enquanto que apenas 11,33% das mulheres domésticas com negócios a tempo parcial e 4,66% dos serviços estão envolvidos na criação de cabras.

Tipo de família e dimensão da família

Singh e Rai (2006), num estudo efectuado entre os criadores de cabras de Barbari, no Uttar Pradesh, revelaram que o tamanho da família variava entre 2 e 13, com uma média de 6,2.

Tanwar et.al. (2008), num estudo sobre os aspectos socioeconómicos dos criadores de cabras tribais e as práticas de gestão no Rajastão, referiram que a dimensão da família dos criadores de cabras era de 4-6 membros, o que representa cerca de 52,50% dos inquiridos.

Thombre, et. al. (2010), no seu estudo sobre a adoção de práticas melhoradas de criação de cabras no distrito de Osmanabad, revelaram que cerca de 45,51% dos inquiridos pertenciam a famílias pequenas (até 5 membros) e 65,28% dos inquiridos tinham um tipo de família nuclear.

Deshpande et. al. (2010), no seu estudo sobre o estatuto socioeconómico dos criadores de cabras na região sul de Gujarat, revelaram que a dimensão média de uma família de criadores de cabras era de 4,96 membros.

Rai et.al. (2013), no seu estudo sobre a segurança dos meios de subsistência através de práticas melhoradas de criação de cabras em condições de campo em Utter Pradesh, referiram que a dimensão da família dos criadores de cabras era de 4,5.

Dixit e Singh (2014) referiram que a idade dos criadores de cabras, o tamanho da família e o grau de consciencialização têm um efeito positivo no tamanho do rebanho. Por conseguinte, os criadores de caprinos com mais membros na família devem ser encorajados a aumentar o tamanho do efetivo como fonte de rendimento adicional.

Explorações agrícolas

Singh e Rai (2006), num estudo efectuado entre os criadores de cabras de Barbari, no Uttar Pradesh, revelaram que o maior número de criadores de cabras (76,00%) possuía terras de pequena dimensão, com uma média de 1,04 acres por agregado familiar. Contudo, 18,18% dos criadores de cabras não possuíam terras cultiváveis e 21,39% possuíam terras com mais de 2 acres.

Sharma et. al. (2007), no seu estudo sobre o estatuto socioeconómico dos criadores de cabras do Rajastão, revelaram que a maioria dos criadores de cabras possuía uma área entre 0,5 e 1,0 hectares.

Tanwar et.al. (2008), estudando os aspectos socioeconómicos dos criadores de cabras tribais e as práticas de gestão no Rajastão, referiram que a percentagem de agricultores marginais (proprietários de até 1,0 ha de terra) e pequenos (proprietários de 1,1 a 2 ha de terra) era de 54,16 e 40,83, respetivamente. Nenhum dos agricultores seleccionados era grande (proprietários de mais de 2,0 ha de terra).

Behura et.al. (2009) revelaram que os agricultores marginais contribuíram com a maioria (40,70%) dos agregados familiares inquiridos, seguidos dos pequenos (29,60%), dos sem-terra (18,60%) e dos médios e grandes agricultores (11,10%). Os grupos dos pequenos, marginais e sem terra constituíam, em conjunto, quase 89,00% do total de agregados familiares inquiridos.

Raghavan e Raja (2012) referiram que a maioria dos criadores de cabras da região estudada eram agricultores marginais que tinham um tamanho de terra inferior a 50 cêntimos (95,08%). Cerca de 52,07% tinham um tamanho de terra inferior a 10 cêntimos e 43,01% tinham um tamanho de 11-49 cêntimos.

Byaruhanga et.al. (2015), no seu estudo sobre os aspectos socioeconómicos da produção de cabras num sistema agro-pastoril rural no Uganda, referiram que a maioria dos agricultores (63,20%) possuía mais de cinco acres de terra.

Rendimento da criação de cabras

Kumar et. al. (2006), no seu estudo entre os criadores de cabras de Utter Pradesh e Rajasthan, referiram que o rendimento anual líquido da criação de cabras era de 1302 a 1873 rupias/cabra/ano e que as cabras contribuíam por si só com 49 a 86% do rendimento total do agregado familiar.

Sharma et. al. (2007), no seu estudo sobre o estatuto socioeconómico dos criadores de cabras do Rajastão, revelaram que sessenta e seis por cento dos criadores de cabras dependiam da agricultura e da criação de animais para a sua subsistência e tinham um rendimento anual entre 15 000 e 30 000 rupias.

Thombre et. al. (2010), no seu estudo sobre a adoção de práticas melhoradas de criação de cabras no distrito de Osmanabad, verificaram que 51,39% dos inquiridos tinham um rendimento anual entre 36 001 e 60 000 rupias.

Deshpande et. al. (2010), no seu estudo sobre o estatuto socioeconómico dos criadores de cabras na região sul de Gujarat, revelaram que o rendimento médio anual era inferior a 10 000 rupias por família em 74,26% dos criadores de cabras, enquanto 4,91% dos criadores de cabras tinham um rendimento anual superior a 30 000 rupias

Raghavan e Raja (2012), no seu estudo sobre o estatuto socioeconómico dos criadores de cabras da região de Malabar, em Kerala, referiram que mais de 60,00 por cento dos criadores tinham um rendimento mensal entre 500 e 2000 rupias e apenas 8,7 por cento dos criadores tinham um rendimento mensal médio superior a 5000 rupias. Também declararam que o rendimento médio da agricultura e da criação de animais era de 248,00 rupias e 198,23 rupias, respetivamente. O rendimento da agricultura e da criação de animais é considerado como a fonte subsidiária de rendimento dos agricultores.

Prasad et. al. (2013), no seu estudo sobre a economia da criação de cabras no âmbito de um sistema tradicional de produção com poucos factores de produção em Uttar Pradesh, referiram que a dimensão dos pequenos rebanhos (>15) era a mais rentável, seguida das dimensões dos rebanhos 16-30, 31-45 e >45. O rendimento líquido foi de Rs. 1348, 1148, 974 e 865 por cabra/ano, respetivamente. O lucro líquido (por cabra/ano) diminui linearmente com o aumento do tamanho dos rebanhos, devido a práticas inadequadas de nutrição e de maneio por parte dos grandes criadores de cabras. A venda de cabras foi a principal fonte de rendimento (69,90%), seguida do leite (31,90%) e do estrume (8,20%).

Rai et.al. (2013), no seu estudo sobre a segurança dos meios de subsistência através de práticas melhoradas de criação de cabras em condições de campo em Utter Pradesh, registaram um rendimento bruto médio de 2465 rupias/cabra/ano

Dixit e Mohan (2014), no seu estudo sobre a economia da produção de cabras no distrito de Mathura, no Uttar Pradesh, referiram que o custo global de criação por cabra era de 1228,8 rupias e diminuía com o aumento do tamanho do rebanho. Era de 1472,9 rupias para os pequenos rebanhos (1-5 cabras), seguido de 1172,3 rupias para os médios (610 cabras) e 995,90 rupias para os grandes rebanhos (>10 cabras); no entanto, o rendimento líquido por cabra em relação ao custo variável era de 1799,1 rupias para os pequenos rebanhos, 2254,3 rupias para os médios e 2561,5 rupias para os grandes rebanhos.

Bharwad et. al. (2016) referem que a criação de cabras constitui uma fonte de rendimento fiável para 40% da população rural abaixo do limiar de pobreza na Índia e para muitos que não possuem terras. A grande maioria da secção mais pobre da população rural depende da criação de cabras para subsistência e para satisfazer as necessidades domésticas ocasionais de carne e leite.

Tamanho do bando

Sharma et al. (2007), no seu estudo sobre o estatuto socioeconómico dos criadores de cabras do Rajastão, revelaram que a média geral de cabras dos criadores de cabras era de 22,96 cabras e que a média dos rebanhos dos agricultores sem terra era de 19,54.

Chaturvedi et. al. (2008) observaram, entre os criadores de gado da região semi-árida do Rajastão, que a percentagem de pequenos ruminantes era mais elevada no caso dos agricultores marginais, seguidos dos médios, grandes e pequenos agricultores.

Tanwar et.al. (2008), num estudo sobre os aspectos socioeconómicos dos criadores de cabras tribais e as práticas de gestão no Rajastão, referiram que a maioria dos inquiridos (82,50%) possuía cabras em número inferior a 10-20.

Behura et. al. (2009) referiram que 71,50% dos rebanhos estudados entre os criadores de cabras do distrito de Koraput, em Orissa, eram constituídos por 1 a 5 animais.

Thombre et. al. (2010), no seu estudo sobre a adoção de práticas melhoradas de criação de cabras no distrito de Osmanabad, referiram que 48,61% dos inquiridos possuíam um rebanho pequeno (até 10 cabras).

Rai et.al. (2013), no seu estudo sobre a segurança dos meios de subsistência através de práticas melhoradas de criação de cabras em condições de campo em Utter Pradesh, revelaram que o tamanho médio dos rebanhos era de três entre os criadores de cabras na área de estudo.

Dixit e Singh (2014a) referiram no seu estudo sobre os factores que determinam a dimensão do rebanho de cabras na região de Bundelkhand, no Uttar Pradesh, que a dimensão do rebanho das famílias varia em função do estatuto socioeconómico, dos recursos de pastagem, da sensibilização para as práticas melhoradas de criação de cabras, etc. A dimensão operacional da exploração por cabra e a extensão da pastagem têm um efeito significativo na dimensão do rebanho.

Byaruhanga et.al. (2015), no seu estudo sobre os aspectos socioeconómicos da produção de cabras num sistema agro-pastoril rural no Uganda, referiram que o número médio de cabras por agregado familiar era de 9,2 (variação de 3-31).

Número de acções de formação frequentadas

Raghavan e Raja (2012) verificaram que cerca de 69,12% dos agricultores tiveram a oportunidade de assistir a aulas/formação sobre a criação de cabras.

Dixit e Singh (2014b) referiram que o reforço das capacidades dos criadores de cabras é essencial para mudar a sua atitude em relação à criação científica de cabras.

Variáveis psicológicas

Tekale et.al. (2013), no seu estudo sobre as necessidades de formação dos criadores de cabras em Maharashtra, observaram que a participação organizacional tinha uma relação positiva e significativa com as necessidades de formação dos agricultores. Assim, com o aumento da participação organizacional, os agricultores sentiram maiores necessidades de formação no domínio da criação de cabras.

Yadaw e Sharma (2012), no seu estudo sobre a adoção e o défice de adoção pelos criadores de cabras das práticas recomendadas para a criação de cabras, referiram que o contacto com a agência de extensão e a cosmo-polidez tinham uma relação positiva e significativa com a adoção de práticas científicas modernas na criação de cabras entre os agricultores.

Padrão de habitação dos caprinos

Em Kerala, as cabras são geralmente mantidas num sistema de criação de pequenos proprietários. Estes sistemas agrícolas caracterizam-se por recursos mínimos em termos de terra e capital, baixos rendimentos, fraca segurança alimentar e acordos informais de trabalho derivados de membros da família, com algumas actividades não agrícolas para complementar o rendimento familiar (Alex et. al. 2013).

Raghavan e Raja (2012) referiram que a maioria dos agricultores (55,73%) tinha uma casa de azulejos com chão de betão e que a percentagem era bem comparável nos três centros estudados e referiram que o rendimento médio mensal não tinha influência no tipo de habitação.

Rai et.al. (2013), no seu estudo sobre a segurança dos meios de subsistência através de práticas melhoradas de criação de cabras em condições de campo em Utter Pradesh, referiram que não existia um alojamento separado para as cabras e que estas eram mantidas em habitações humanas.

Bharwad et. al. (2016) referiram que o sistema de produção de caprinos na Índia tem vindo a passar lentamente de um sistema de gestão extensivo para um sistema intensivo de produção comercial.

Padrão de marketing

Naidu et. al. (1991) observaram que o sistema de comercialização dos pequenos ruminantes e dos seus produtos e subprodutos está pouco desenvolvido na Índia. Além disso, a comercialização de ovinos e caprinos não está organizada no país e envolve intermediários e comissionistas. Nas aldeias, os animais são geralmente vendidos aos comerciantes que as visitam regularmente. Os agricultores pobres não estão em condições de conservar os produtos durante mais tempo para poderem beneficiar de melhores preços.

Senthilkumar et. al. (2012) observaram que a maioria dos criadores de cabras preferia vender os animais nas suas próprias aldeias para colher os benefícios da negociação. As principais razões para vender os animais foram a necessidade urgente de dinheiro (54,10%), a escassez de forragem (21,82%) e o receio de doença (18,15%). Na maior parte dos casos, a negociação baseou-se na espessura do músculo do lombo e da coxa das cabras. Observou-se que 50,00-60,00 por cento dos inquiridos vendiam cabritos machos com menos de 6 meses de idade.

Srinivas et.al. (2014), no seu estudo sobre os factores que afectam a escolha do local de mercado pelos produtores de caprinos e a eficiência da comercialização no Afeganistão, referiram que existia um potencial considerável para melhorar a eficiência da comercialização através do reforço das capacidades dos produtores de caprinos, tanto na produção como na comercialização. O preço previsto por kg de peso vivo da cabra, a raça, o dia da semana, a idade das cabras e o sistema de produção influenciaram a escolha do local de mercado pelos produtores de cabras.

Hegde e Deo (2015), no seu estudo sobre o desenvolvimento da cadeia de valor das cabras para a capacitação das mulheres rurais na Índia, referiram que a venda de cabras com base no peso corporal permitia às detentoras de cabras negociar melhor e obter preços 200 a 300% mais elevados, mesmo no mercado local.

Byaruhanga et.al. (2015), no seu estudo sobre os aspectos socioeconómicos da produção de cabras num sistema agro-pastoril rural no Uganda, referiram que a maioria dos inquiridos (85,10%) indicou que a principal opção de venda de cabras era nos mercados semanais. As outras opções eram a venda em casa (45,90%), na loja (2,80%) e, pelo menos, no mercado diário (0,90%). As cabras nos mercados semanais eram vendidas a comerciantes que actuavam como intermediários.

Aquisição de crédito

Yadaw e Sharma (2012), no seu estudo sobre a adoção e o défice de adoção pelos criadores de cabras das práticas recomendadas para a criação de cabras, referiram que a aquisição de crédito pelos criadores de cabras tinha uma relação positiva e significativa com a adoção de práticas científicas de gestão de cabras pelos criadores.

Dixit e Singh (2014) referiram que os detentores de cabras deveriam beneficiar de serviços de apoio como crédito e marcação.

Comportamento dos agricultores na procura de informação

Thombre et. al. (2010) estudaram a fonte de informação utilizada pelos criadores de cabras do distrito de Osmanabad, tendo constatado que a televisão possuía uma pontuação mais elevada (115), seguida das publicações (82), do funcionário responsável pelo desenvolvimento da pecuária (74), do Gram Sevek (54), do preço dos animais vivos (51) e da rádio (40) como fonte de informação.

Raghavan e Raja (2012) referiram que cerca de 66,12% dos agricultores ouviam programas de rádio/televisão.

Kumar et.al. (2012), no seu estudo sobre a sensibilização dos detentores de caprinos para o serviço da linha de apoio do Instituto Central de Investigação sobre Caprinos, revelaram que 57,00 por cento das pessoas que telefonaram procuraram informações relacionadas com a formação e 9,57 por cento telefonaram para obter informações relacionadas com doenças.

Lahoti et.al. (2015) estudaram os constrangimentos enfrentados pelos detentores de cabras na utilização dos meios de comunicação em Maharastra e relataram que os constrangimentos encontrados pela maioria dos inquiridos na utilização dos meios de comunicação estavam relacionados com a falta de organização de filmes sobre gestão de cabras, tecnologia agrícola e demonstração. A maior parte dos detentores de caprinos também se deparou com constrangimentos relacionados com a organização de exposições agrícolas nas aldeias e nos locais mais próximos e com a dificuldade de compreensão das línguas de difusão/televisão.

Rashid et. al. (2015), no seu estudo sobre as fontes de comunicação utilizadas pelas mulheres detentoras de cabras em actividades geradoras de rendimentos, referiram que as agricultoras utilizavam sobretudo fontes de informação da ordem dos maridos, vizinhos, telemóveis, televisão, vendedores de insumos e veterinários. Os resultados também revelaram que a maior proporção (38,39%) das mulheres beneficiárias utilizava fontes de comunicação médias, em comparação com 33,93% de baixa utilização e 27,68% de alta utilização.

2.8. Opinião e grau de satisfação com as instalações disponibilizadas durante os programas de formação

Kavithaa et.al. (2014), no seu estudo entre grupos de autoajuda de mulheres na criação de cabras no distrito de Thrissur, em Kerala, referiram que menos de dois terços dos inquiridos (64,00%) tinham um elevado grau de opinião favorável sobre as instalações fornecidas durante a formação.

Tudu e Roy (2015b), no seu estudo sobre a participação das mulheres na tomada de decisões no domínio da criação de cabras no distrito de Nadia, em Bengala Ocidental, referiram que a maioria dos inquiridos era da opinião de que necessitavam de muita formação e conhecimentos no que respeita aos cuidados de saúde.

2.9. Sugestões dos agricultores relativamente ao programa de formação

Tekale et. al. (2013) referiram que a maioria dos inquiridos preferia uma formação com a duração de uma semana durante a época de verão na sua própria aldeia.

Meena e Singh (2015), no seu estudo entre os criadores de cabras da região de Marwar, no Rajastão, referiram que a maioria dos inquiridos preferia uma semana de formação durante o verão, na sua própria aldeia. O estudo concluiu que os detentores de cabras necessitavam de formação em matéria de criação e cuidados de saúde para melhorar a produção de cabras. Assim, as agências de extensão deveriam divulgar informação baseada nas necessidades de formação no terreno, para garantir a segurança dos meios de subsistência dos agricultores.

Singh et. al. (2015), no seu estudo sobre o impacto dos programas de formação no ganho de conhecimentos dos agricultores em Jharkhand, sugeriram que 54,4 por cento dos participantes sugeriram que os aspectos teóricos e práticos deveriam ser em igual proporção. 29,5% sugeriram que a duração dos programas de formação deveria ser de, pelo menos, uma semana, ao passo que 63,9% dos participantes sugeriram a apresentação em power point e 63,8% sugeriram também que deve ser assegurado um fornecimento adequado de eletricidade durante as formações.

Bashir et.al. (2017) referiram a procura crescente de formação em caprinicultura entre os agricultores do norte de Kerala e sublinharam também a necessidade de criar um Instituto Regional de Formação e Investigação sobre Caprinos na região norte de Kerala.

2.10. Determinantes da aquisição de conhecimentos gerais sobre o maneio científico dos caprinicultores do estudo

Behura et. al. (2009) referiram que a contribuição das mulheres para a gestão quotidiana dos ovinos e caprinos era maior.

George et. al. (2010) estudaram os conhecimentos das mulheres agricultoras do distrito de Wayanad, em Kerala, e verificaram que muito poucas mulheres tinham conhecimentos correctos sobre aspectos importantes da criação, alojamento e desparasitação das cabras. Quase três quartos das mulheres tinham conhecimentos correctos sobre a vacinação contra a febre aftosa.

Kumar e Kushwaha (2010), no seu estudo entre os criadores de caprinos do distrito de Etawah, em Uttar Pradesh, referiram a existência de uma lacuna máxima de formação tecnológica nas práticas de alimentação, criação e gestão sanitária.

Meena et.al. (2011), num estudo sobre a adoção, pelos criadores de cabras, de práticas melhoradas de produção caprina, revelaram que estes tinham uma maior adoção da produção de leite limpo, seguida das práticas de gestão, alimentação, raças e criação. Há diferenças significativas nos níveis de adoção entre as diferentes categorias de inquiridos no que se refere às raças e práticas de reprodução, alimentação e gestão da tecnologia de produção de caprinos. Em geral, o grau de adoção foi mais elevado nos proprietários de grandes rebanhos, seguidos dos médios e pequenos, com uma percentagem média de 55,54, 45,70 e 34,80, respetivamente.

Tanwar (2011), no seu estudo sobre os criadores de cabras da região semi-árida do Rajastão, referiu que a falta de conhecimentos sobre alimentação equilibrada, a falta de serviços veterinários na aldeia, o elevado custo das rações e das forragens, a falta de infra-estruturas de comercialização e o facto de os intermediários não fornecerem um preço remunerador aos cabritos machos eram os principais constrangimentos encontrados pelos criadores de cabras.

Yadaw e Sharma (2012) descobriram a correlação significativa entre o conhecimento sobre as práticas recomendadas para a criação de cabras e a adoção dessas práticas.

Singh et.al. (2013) referem que a maioria dos criadores de cabras tem um nível moderado de conhecimentos sobre os diferentes aspectos da criação de cabras e um nível muito baixo de conhecimentos sobre a melhoria do potencial genético das cabras, o valor acrescentado dos resíduos de culturas, a utilização de CPR e as medidas sanitárias preventivas.

Soni, et. al. (2013) relataram que a maioria dos inquiridos seleccionados aprendeu mais competências sobre o uso de cal para o saneamento, seguido do uso de vacinas como a PPR, ET, febre aftosa, etc., gestão adequada da habitação para a criação de cabras, uso de sal, desparasitação de cabras, alimentação de colostro para os cabritos a tempo, manutenção de machos melhorados, plantação/manutenção de árvores forrageiras/gramíneas, uso de mistura mineral e assim por diante. A cabra tem sido uma fonte de rendimento que permite evitar a dependência do crédito privado de alto custo, aumentar a percentagem do rendimento da cabra no rendimento total da família, aumentar o lucro/cabra/ano, aumentar a sensibilização para a criação comercial de cabras e as suas vantagens, aumentar o acesso ao leite de cabra para consumo familiar e aumentar a criação de emprego através da cabra.

Senthilkumar e Thanaseelaan (2013) revelaram que o aspeto nutricional era a área mais importante das necessidades de formação, seguida da saúde, da criação e de outros aspectos de gestão. A subárea específica, ou seja, a importância da mistura de minerais na alimentação, a alimentação com colostro, a alimentação com azola, etc., teve prioridade máxima para a formação no aspeto nutricional, uma vez que os inquiridos não têm conhecimento destas tecnologias.

Kavithaa et.al. (2014), no seu estudo entre grupos de autoajuda de mulheres na criação de cabras no distrito de Thrissur, em Kerala, referiram que três quartos dos inquiridos (75,33%) tinham conhecimentos médios sobre a criação de cabras e que um maior número de inquiridos (16,00%) se enquadrava na categoria alta do que na baixa (8,67%).

Chethan et. al. (2015) relataram que a maioria dos beneficiários tinha uma atitude moderadamente favorável (42,67%) em relação à criação de cabras e também um conhecimento moderado (42,00%) sobre a criação de cabras. Uma investigação mais aprofundada sobre o teste de conhecimento dos beneficiários revelou que apenas alguns beneficiários tinham conhecimento adequado sobre os aspectos de criação, alojamento e cuidados de saúde da criação de cabras. Uma proporção comparativamente mais elevada de beneficiários tinha conhecimentos adequados sobre alimentação e práticas de maneio das cabras.

Singh et. al. (2015), no seu estudo sobre o impacto dos programas de formação no ganho de conhecimentos dos agricultores em Jharkhand, revelaram que a realização de programas de formação profissional no campus teve um impacto positivo nos conhecimentos adquiridos pelos agricultores praticantes. As formações no campus desempenharam um papel importante no desenvolvimento de competências entre os agricultores e também beneficiaram os agricultores, em especial as mulheres, na geração de rendimentos.

Tudu e Roy (2015b), no seu estudo sobre a participação das mulheres na tomada de decisões no sector da criação de cabras no distrito de Nadia, em Bengala Ocidental, referiram que a participação das mulheres em actividades de cuidados de saúde era pouco significativa devido à falta de conhecimentos sobre essas actividades. As mulheres participam nos seus cuidados de saúde porque aprenderam as coisas através da experiência e da observação.

Bashir et.al. (2017) sugeriram que se ministrasse formação em caprinicultura científica sobre a criação comercial de cabras sem custos para os agricultores e que também se fornecesse conhecimento sobre a caprinicultura científica através dos meios de comunicação social, utilizando tecnologias modernas de informação e comunicação, etc.

CAPÍTULO 3
MATERIAIS E MÉTODOS

Este capítulo trata dos métodos e técnicas de investigação utilizados para recolher e analisar os dados. São apresentados nos seguintes subtítulos.

3.1 Seleção e descrição dos programas de formação

3.2 Seleção dos inquiridos

3.3 Seleção, operacionalização e medição de variáveis

3.4 Método de recolha de dados

3.5 Instrumentos estatísticos utilizados

3.1 Seleção e descrição dos programas de formação

Durante o exercício financeiro de 2015-2016, o Projeto de Investigação Coordenada de Toda a Índia sobre Melhoramento de Caprinos (Unidade Malabari) organizou nove programas de formação a nível estatal, durante dois dias, sobre criação comercial de caprinos, destinados a criadores de caprinos e empresários em início de carreira, especialmente NRI e retornados do Golfo, para lhes permitir acrescentar os seus conhecimentos e competências em matéria de gestão científica de caprinos. Para além dos programas de formação a nível estatal, o AICRP também realizou várias acções de formação fora do campus nos seis agrupamentos adoptados, localizados em três distritos do norte de Kerala, nomeadamente Malappuram, Kozhikode e Kannur. Durante o mesmo período, estes programas foram concebidos de acordo com o pedido dos formandos e centram-se no maneio das cabras, alimentação, criação, alojamento, saúde, reprodução, valor acrescentado, economia e comercialização (Tekale et.al., 2013). Após a conclusão deste programa, os formandos melhoram as suas práticas de criação de cabras e tomam iniciativas para iniciar a criação de cabras a nível comercial. Dos nove programas de formação a nível estatal sobre caprinicultura comercial organizados em 2015-16, quatro foram seleccionados para avaliar o impacto. No entanto, dos seis programas de formação fora do campus organizados nos agrupamentos do AICRP, três formações foram seleccionadas aleatoriamente para o estudo.

3.2 Seleção dos inquiridos

No total, 124 agricultores participaram em quatro formações no campus seleccionadas para o estudo. Do mesmo modo, 73 empresários em início de carreira participaram em três acções de formação organizadas fora do campus, constituindo a amostra do estudo.

3.3 Seleção, operacionalização e medição de variáveis
3.3.1 Seleção, operacionalização e medição das variáveis relativas às características dos produtores de caprinos objeto do estudo.

Com base nos objectivos, na revisão da literatura e na discussão com os extensionistas, foi elaborada uma lista de 15 variáveis que poderiam revelar as características sociopessoais e socioeconómicas dos agricultores.

3.3.1.1. Idade

A idade foi operacionalizada como o número de anos completos do inquirido no momento do inquérito e a idade cronológica foi tomada como medida.

Category	Score
Up to 35 years	1

36 - 45 years	2
Above 46 years	3

3.3.1.2. Género

O seguinte procedimento de pontuação foi utilizado para classificar o género.

Sex	Score
Male	1
Female	2

3.3.1.3. Casta/Religião

O seguinte procedimento de pontuação foi utilizado para classificar a Casta/Religião.

Caste/Religion	Score
Hindu	1
Muslim	2
Christian	3
Scheduled caste	4
Scheduled Tribe	5

3.3.1.4. Educação

A educação refere-se aos resultados académicos do inquirido através da escolaridade formal. Os diferentes níveis de educação dos inquiridos foram classificados de acordo com o procedimento seguido por Shashidhara (2003) e adotado por Sharma (2006).

Level of education	Score
Illiterate	1
Primary school	2
High school	3
College and above	4

3.3.1.5. Ocupação

O procedimento de pontuação adotado por Sudeepkumar (1992) foi utilizado com ligeiras alterações.

Occupation	Score
Goat rearing alone	7
Dairy	6
Agriculture	5
Business	4
NRI's	3
Pensioner	2
Government servants	1

3.3.1.6. Tipo de família

Tendo em conta a composição familiar dos inquiridos, estes foram classificados em dois tipos: família nuclear e família conjunta. Os dados foram quantificados através da atribuição do procedimento de pontuação seguido por Sharma (2006).

Category	Score
Nuclear family	1
Joint family	2

3.3.1.7. Dimensão da família

A dimensão da família é o número de membros de uma família reunidos numa casa comum. Seguiu-se o procedimento de pontuação adotado por Sharma (2006).

Category	Score
Up to 5 members	1
6 members and above	2

3.3.1.8. Experiência

O procedimento de pontuação adotado foi o seguinte

Category	Score
Those who already rears goats	2
Those who are yet to start rearing goats	1

3.3.1.9. Exploração de terras

Refere-se à área total de terra, em acres, possuída e cultivada pelo inquirido. Foi seguido o procedimento de pontuação adotado por Narmatha (1994).

Category	Score
Landless	1
Marginal farmers – Up to 2.5 acres	2
Small farmers – 2.51 to 5.0 acres	3
Large farmers – More than 5 acres	4

3.3.1.10. Rendimento anual

O rendimento anual foi operacionalizado como o rendimento líquido total, em rupias, obtido por um inquirido em ocupações agrícolas e não agrícolas durante o período de um ano. O procedimento de pontuação adotado neste estudo é apresentado a seguir:

Category	Score
No income	1
Up to Rs. 5000	2
Rs. 5000-10000	3
Rs. 10000-15000	4
Rs. 15000 and above	5

3.3.1.11. Dimensão do bando

A dimensão do rebanho foi operacionalizada como o número total de cabras adultas criadas na altura do estudo. O procedimento de pontuação adotado neste estudo é apresentado a seguir:

Category	Score
1 to 2 goats	1
3 to 5 goats	2
6 to 15 goats	3
More than 15 goats	4

3.3.1.12. Formações frequentadas

A formação frequentada foi definida operacionalmente como o número de programas de formação frequentados pelos agricultores sobre a criação de cabras no momento do estudo. O procedimento de pontuação seguido por Senthilkumar (1999) foi utilizado para categorizar os dados.

Number of trainings attended	Score
Nil	1
1 - 2 trainings	2
3 to 5 trainings	3
More than 5 trainings	4

3.3.1.13. Participação organizacional

Foi conceptualizado como o grau de envolvimento de um indivíduo em várias organizações como membro ou como titular de um cargo. Foi medido empiricamente utilizando o procedimento delineado por Triwedi (1963) e seguido por Sharma (2006).

A pontuação três foi atribuída a um titular de cargo, a pontuação dois foi atribuída a um membro e a pontuação um foi atribuída a um não membro de cada organização. Chegou-se a uma pontuação composta através da soma das pontuações obtidas por cada inquirido. Com base nas pontuações obtidas, os inquiridos foram classificados em alto, médio e baixo, utilizando o método de intervalo de classe igual.

3.3.1.14. Contacto da agência de extensão

Referia-se à frequência de contacto com vários agentes de extensão/desenvolvimento, relacionados com a criação de animais, no ano anterior à data da entrevista. O número de vezes contactado é adicionado com base na média, os inquiridos foram classificados em alto, médio e baixo utilizando o método de intervalo de classe igual.

3.3.1.15. Cosmo-polidez

A cosmo-polidez refere-se ao grau em que um indivíduo tem um bom conhecimento das pessoas, dos meios de comunicação modernos, dos transportes rodoviários e ferroviários, etc. e à quantidade de contacto que tem com o mundo exterior. A pontuação total foi adicionada e os inquiridos foram classificados em alto e baixo utilizando o método de intervalo de classe igual.

Category	Score
In which type of area you are residing? Rural / Urban	Rural = 1, Urban = 2

3.3.1.16. Inovação

A capacidade de inovação refere-se ao grau em que um indivíduo é relativamente mais precoce na adoção de novas ideias do que os outros membros da sociedade. Neste estudo, foi utilizado o procedimento de pontuação desenvolvido por Singh (1977) e adotado por Gopi (2012). Com base nas pontuações obtidas, os inquiridos foram categorizados em três categorias: elevada, média e baixa, utilizando o método de intervalos de classes iguais.

Response	Score
As soon as it is brought to my knowledge	3
After I have seen adopted by other farmers	2
I prefer to wait and take my own time	1

3.3.1.17. Padrão de habitação dos caprinos

O procedimento de pontuação adotado foi o seguinte

Category	Score
Intensive system	**3**
Semi-intensive	2
Free range	1

3.3.1.18. Padrão de marketing

O procedimento de pontuação adotado foi o seguinte

Category	Score
Direct sale to the consumer	1
Sale at well managed market	2
Sales through SHGs/ producer companies	3

3.3.1.18. Aquisição de crédito

O procedimento de pontuação adotado foi o seguinte

Category	Score
Through nationalized banks	1
SHGs and co-operatives	2
Private investors	3
Own money	4

3.3.1.19. Comportamento de procura de informação dos criadores de caprinos

O comportamento de procura de informação é referido como as fontes a partir das quais os inquiridos obtiveram informação tecnológica sobre a agricultura.

A frequência de utilização das fontes pelo indivíduo na procura de informação foi comunicada para os meios de comunicação social, como a rádio, a televisão, os jornais, as revistas, a Internet, a literatura sobre extensão, os filmes sobre criação de animais e as exposições/campanhas. Para este estudo, foi utilizado o procedimento de pontuação seguido por Anand (2003). Pediu-se aos inquiridos que indicassem a frequência de utilização de cada fonte numa escala contínua de três pontos, nomeadamente, frequentemente, ocasionalmente e raramente, com uma pontuação de 3, 2 e 1, respetivamente.

A frequência e a percentagem foram calculadas para cada fonte. Além disso, as pontuações de cada inquirido foram somadas para obter a pontuação total do comportamento de procura de informação de cada inquirido. Com base nas pontuações obtidas, os inquiridos foram classificados em três categorias: elevado, médio e baixo, utilizando o método de intervalo de classe igual.

3.3.1.20. Conhecimentos adquiridos pelos criadores de cabras do estudo

Os conhecimentos adquiridos pelos criadores de caprinos no estudo foram avaliados através de um teste de conhecimentos antes e depois do programa de formação. Foram feitas cinco perguntas de diferentes níveis em cada área: criação de cabras, alimentação, saúde, alojamento e reprodução. As pontuações foram calculadas antes e depois do teste de conhecimentos.

Para analisar o ganho global de conhecimentos dos formandos do programa de formação a nível estatal e fora do campus, as pontuações obtidas em cada área da criação de cabras foram somadas à pontuação total de conhecimentos dos participantes. Esta foi calculada com base na equação.

Ganho total de conhecimentos = Resultado do teste (após a formação) - Resultado do teste (antes da formação)

3.3.2. Impacto do programa de formação

O impacto do programa de formação nos conhecimentos dos agricultores e de outros empresários em início de atividade foi avaliado através de um teste de conhecimentos antes e depois do programa de formação.

Foram colocadas cinco perguntas de diferentes níveis em cada área: criação de cabras, alimentação, saúde, alojamento e reprodução. As pontuações foram calculadas antes e depois do teste de conhecimentos. Para analisar o ganho global de conhecimentos dos formandos do programa de formação a nível estatal e fora do campus, as pontuações obtidas em cada área da criação de cabras foram somadas à pontuação total de conhecimentos dos participantes. Todos os dados foram analisados utilizando a pontuação total, a média e o teste "t".

1.1.4. Distribuição dos participantes de acordo com o seu grau de satisfação com os serviços prestados durante o programa de formação.

Também foi pedido aos inquiridos que dessem a sua perceção sobre a satisfação com as instalações fornecidas e as suas sugestões relativamente aos programas de formação. Foi estudado o grau de satisfação dos participantes relativamente aos conteúdos do programa, aos principais instrutores, ao programa em geral, à relevância para as necessidades dos participantes, ao alojamento, ao alojamento, às instalações físicas da sala de aula, à visita de exposição, aos materiais de estudo/manuais fornecidos durante a sessão de formação e à disponibilidade de materiais de leitura. A perceção da satisfação foi medida utilizando uma escala contínua de três pontos, com uma pontuação de 3 para "totalmente satisfeito", 2 para "até certo ponto satisfeito" e 1 para "nada satisfeito", respetivamente. Para a interpretação dos dados, foram utilizadas variáveis estatísticas como a frequência, a percentagem e o método de intervalos iguais. As sugestões dos participantes relativamente à formação foram recolhidas e classificadas com base na frequência e na percentagem.

1.1.5. Opinião dos participantes sobre o programa de formação

A opinião dos formandos relativamente ao programa de formação foi avaliada com base numa escala elaborada pelo professor e desenvolvida exclusivamente para este estudo. A escala era composta por dez afirmações, das quais as afirmações da primeira à oitava eram positivas, enquanto as duas últimas (9th e 10th) eram negativas.

A escala foi apresentada numa escala contínua de quatro pontos, com uma pontuação de quatro para "concordo totalmente", três para "concordo", dois para "discordo" e um para "discordo totalmente", respetivamente para as afirmações positivas e vice-versa para as afirmações negativas. A pontuação total global para cada formando foi também calculada e, com base no método do intervalo igual, estas opiniões dos formandos foram classificadas em três categorias, a saber, as categorias de opinião muito favorável, favorável e não favorável, respetivamente.

1.1.6. Constrangimentos e sugestões expressos pelos empresários do sector caprino que participaram na formação sobre o maneio científico dos caprinos

Foi feita uma tentativa de compreender os constrangimentos enfrentados pelos empresários caprinos que participaram no programa de formação no âmbito do AICRP (Unidade Malabari) durante o ano financeiro de 2015-16.

Os constrangimentos enfrentados pelos estagiários das explorações caprinas foram identificados através de uma entrevista de grupo de foco e da revisão da literatura sobre estudos relacionados e foi identificada uma lista de constrangimentos.

Pediu-se aos inquiridos que classificassem os constrangimentos em três pontos contínuos como "constrangimento mais importante", "constrangimento importante" e "não é um constrangimento" com uma pontuação de 2, 1 e 0, respetivamente. A pontuação média para cada afirmação foi calculada utilizando a seguinte fórmula.

$$\text{Mean score} = \frac{\text{Total score obtained for the statement}}{\text{Number of respondents}} \times 100$$

Com base no valor da pontuação média, as restrições foram classificadas.

As sugestões são as ideias apresentadas pelos inquiridos com base na sua experiência. As sugestões dos criadores de cabras foram obtidas durante o inquérito. Os dados foram recolhidos através de perguntas abertas e apresentados em frequência e percentagem.

3.4 Método de recolha de dados

Tendo em conta o âmbito e os objectivos do estudo, foi preparado um programa de entrevistas bem estruturado para os criadores de cabras. Antes de finalizar o programa de entrevistas, este foi pré-testado numa área que não constituía uma amostra, a fim de verificar se o programa era adequado às áreas em estudo.

Com base no resultado do pré-teste, foram efectuadas as alterações adequadas e foi elaborado um programa de entrevistas final. Os dados foram recolhidos junto dos agricultores através de visitas pessoais.

3.5 Instrumentos estatísticos utilizados

Os dados recolhidos junto dos agricultores foram codificados, compilados e analisados com recurso a frequência, percentagem, média, intervalo de classe igual, análise de correlação de Pearson e análise de regressão linear múltipla. Os dados foram analisados com a ajuda do Statistical Package for the Social Sciences (Ver.20).

Fig. 1. Modelo concetual do estudo

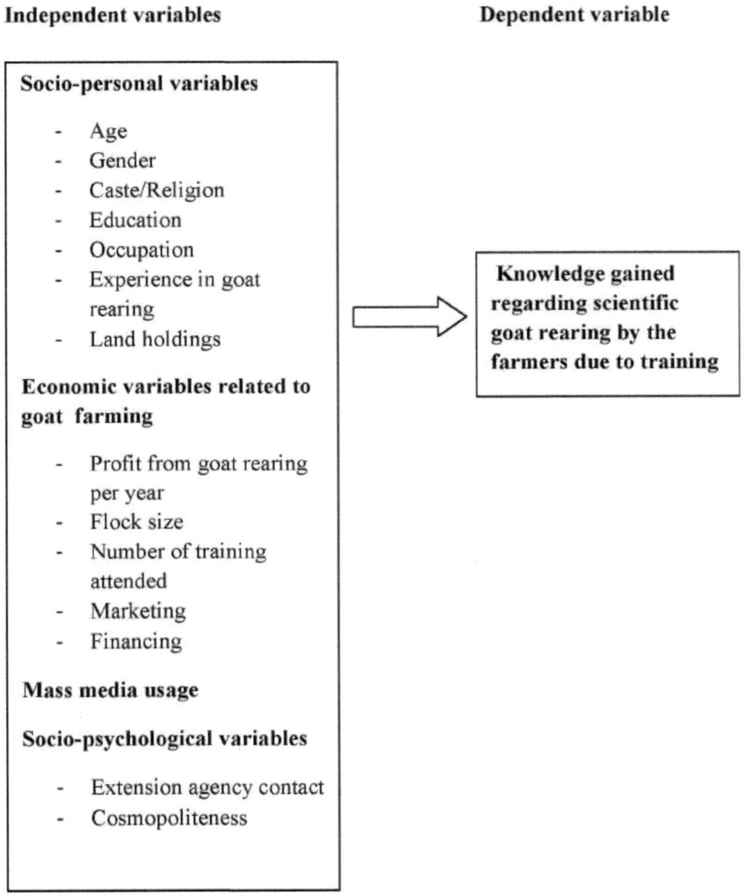

Independent variables

Dependent variable

Socio-personal variables

- Age
- Gender
- Caste/Religion
- Education
- Occupation
- Experience in goat rearing
- Land holdings

Economic variables related to goat farming

- Profit from goat rearing per year
- Flock size
- Number of training attended
- Marketing
- Financing

Mass media usage

Socio-psychological variables

- Extension agency contact
- Cosmopoliteness

Knowledge gained regarding scientific goat rearing by the farmers due to training

CAPÍTULO 4
RESULTADOS

Os resultados foram apresentados em sete secções principais: ..,

4.1. Características sociopessoais dos formandos seleccionados para o estudo.

4.2. Comportamento de procura de informação dos formandos seleccionados para o estudo.

4.3. Análise do teste 't' emparelhado dos programas de formação.

4.4. Nível de conhecimentos sobre a criação científica de caprinos entre os formandos seleccionados para o estudo.

4.5. O grau de satisfação e a opinião dos formandos relativamente aos programas de formação.

4.6. Sugestões dadas pelos formandos relativamente ao programa de formação.

4.7. Correlação e regressão entre as variáveis sócio-pessoais e os conhecimentos adquiridos pelos formandos.

4.8. Constrangimentos e sugestões expressos pelos empresários do sector caprino que participaram na formação sobre o maneio científico dos caprinos

4.1. Características sociopessoais dos formandos seleccionados no âmbito do estudo

Foi feita uma análise das características dos formandos seleccionados no âmbito do estudo, a fim de compreender melhor os seus antecedentes. As conclusões são apresentadas a seguir:

Quadro 1. Características sociopessoais dos formandos seleccionados para o estudo

Sl. No	Variables	Categories	On campus (n=124)		Off campus (n=73)	
			F	%	F	%
1.	Age	Young (less than 35 years)	62	50.00	15	20.55
		Middle (35-50 years)	36	29.00	40	54.79
		Old (more than 50 years)	26	21.00	18	24.66
2.	Gender	Male	117	94.40	25	34.25
		Female	7	5.60	48	65.75
3.	Caste/Religion	General	50	40.32	38	52.05
		Muslim	36	29.03	16	21.92
		Christian	32	25.81	15	20.55
		SC	6	4.84	3	4.11
		ST	0	0.00	1	1.37
4.	Education	Illiterate	0	0	3	4.11
		Primary school	4	3.23	17	23.29
		High School	34	27.42	25	34.25
		College and above	86	69.35	28	38.36
5.	Occupation	Goat rearing alone	4	3.23	5	6.85
		Dairy farmers	18	14.52	25	34.25
		Agriculture	20	16.13	28	38.36
		Business	20	16.13	8	10.96
		Gulf returns	32	25.81	5	6.85
		Retired hands	18	14.52	1	1.37
		Government servants	12	9.68	1	1.37
6.	Family type	Nuclear	96	77.42	46	63.01
		Joint	28	22.58	27	36.99
7.	Family size	Up to 4 members	80	64.52	17	23.29
		Between 5 -8 members	30	24.19	46	63.01
		Larger than 8 members	14	11.29	10	13.70

No.	Variable	Category				
8.	Experience in goat rearing	Those who already rear goats	32	25.81	56	76.71
		Those who are yet to start rearing goats	92	74.19	17	23.29
9.	Land holdings	Landless	0	0	6	8.22
		Up to 2.5 acres	108	87.10	52	71.23
		2.51 to 5 acres	8	6.45	12	16.44
		More than 5 acres	8	6.45	3	4.11
10.	Profit from goat rearing per year	No income	104	83.87	19	26.03
		Up to Rs.5,000	8	6.45	21	28.77
		Rs. 5,000 to 10,000	6	4.84	9	12.33
		10,000 to 15,000	2	1.61	11	15.07
		Rs. 15,000 and above	4	3.23	13	17.81
11.	Flock size	1 to 2 goats	13	10.48	25	34.25
		3 to 5 goats	6	4.84	23	31.51
		6 to 15 goats	3	2.42	11	15.07
		More than 15 goats	10	8.06	14	19.18
12.	Number of trainings attended	Nil	114	91.94	62	84.93
		1 to 2 trainings	2	1.61	7	9.59
		3 to 5 trainings	4	3.23	3	4.11
		More than 5 trainings	4	3.23	1	1.37
13.	Organisational participation	High	23	18.55	6	8.22
		Medium	32	25.81	21	28.77
		Low	69	55.65	46	63.01
14.	Extension contact	High	57	45.97	38	52.05
		Medium	41	33.06	19	26.03
		Low	36	29.03	16	21.92
15.	Cosmopoliteness	High	84	67.74	38	52.05
		Low	40	32.26	35	47.95
	Innovativeness	High	68	54.84	41	56.16
		Medium	32	25.81	20	27.40
		High	24	19.35	12	16.44
16.	Housing pattern of goat	Intensive	26	20.97	2	2.74
		Semi-intensive	98	79.03	64	87.67
		Free range	0	0	7	9.59
17.	Marketing pattern	Direct sale to the consumer	72	58.06	21	28.77
		Sale at well managed market	4	3.23	5	6.85
		Sell through SHG groups/orgn.	10	8.06	15	20.55
		Through middle man	38	30.65	32	43.84

17.	Marketing pattern	Direct sale to the consumer	72	58.06	21	28.77
		Sale at well managed market	4	3.23	5	6.85
		Sell through SHG groups/orgn.	10	8.06	15	20.55
		Through middle man	38	30.65	32	43.84
18.	Credit acquisition	Through Nationalised bank	82	66.13	20	27.40
		SHG and co-operatives	8	6.45	21	28.77
		Private investors	6	4.84	12	16.44
		Own money	30	24.19	20	27.40

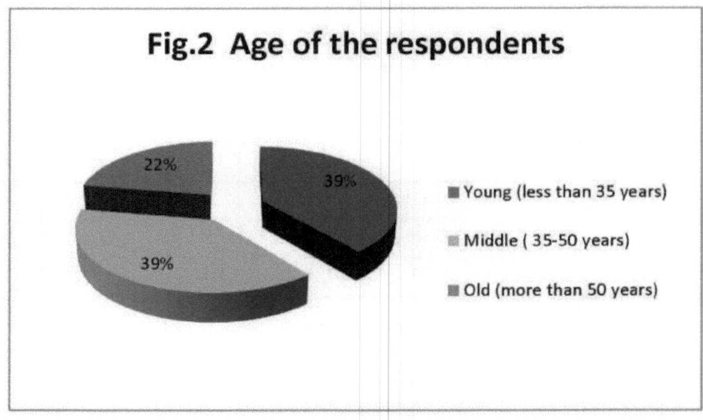

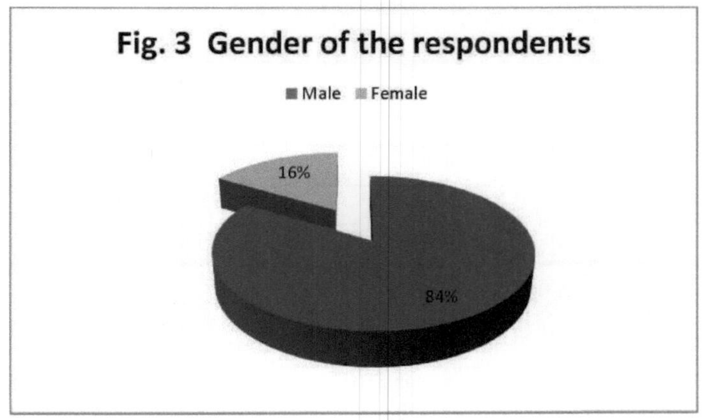

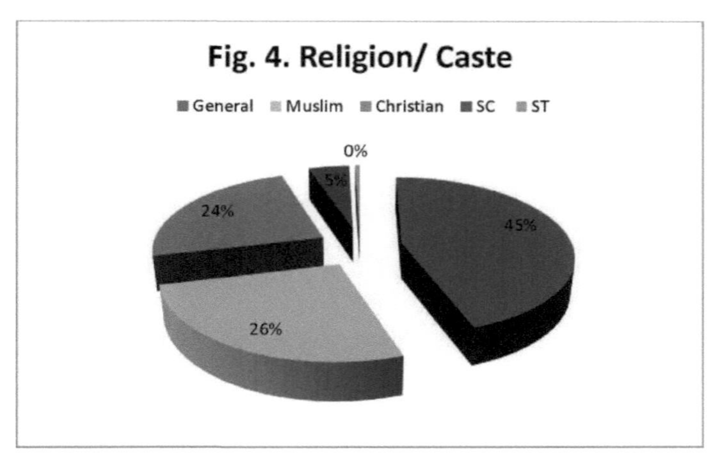

Fig. 4. Religion/ Caste

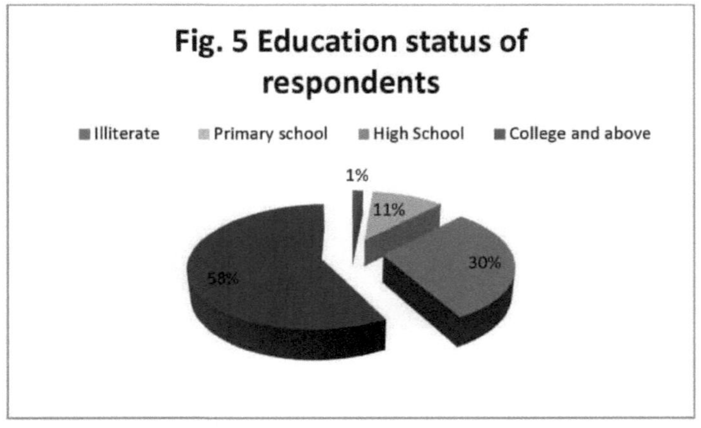

Fig. 5 Education status of respondents

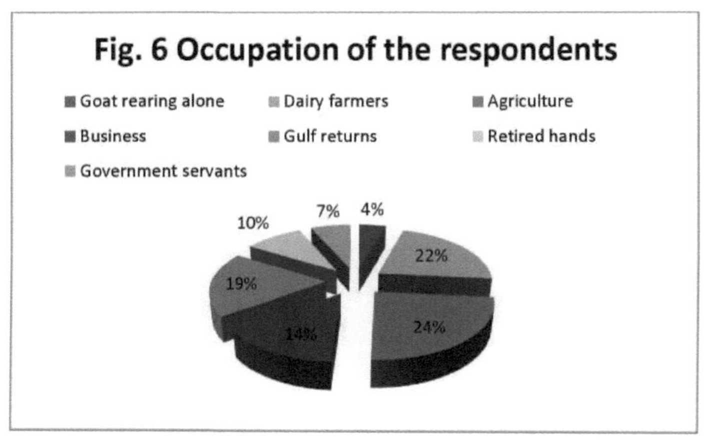

Fig. 6 Occupation of the respondents

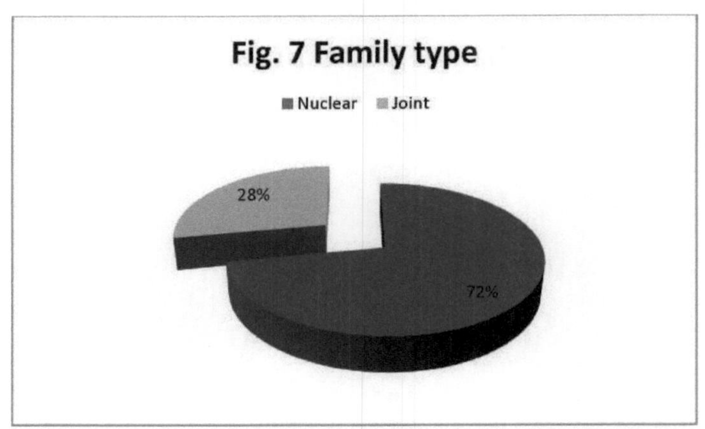

Fig. 7 Family type
Nuclear   Joint
28%
72%

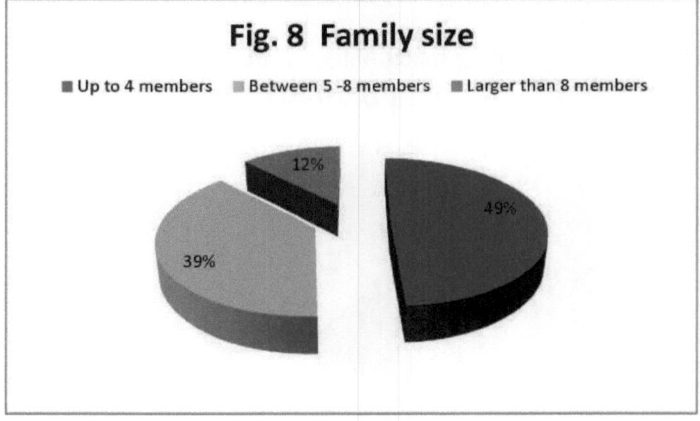

Fig. 8 Family size
Up to 4 members   Between 5 -8 members   Larger than 8 members
12%
49%
39%

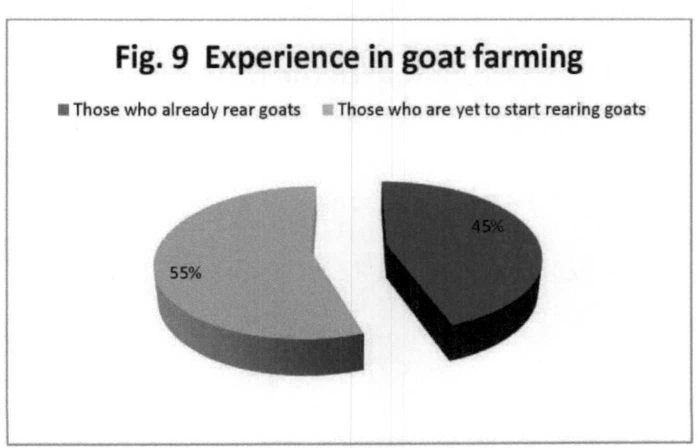

Fig. 9 Experience in goat farming
Those who already rear goats   Those who are yet to start rearing goats
45%
55%

Fig. 10 Profit from goat farming per year

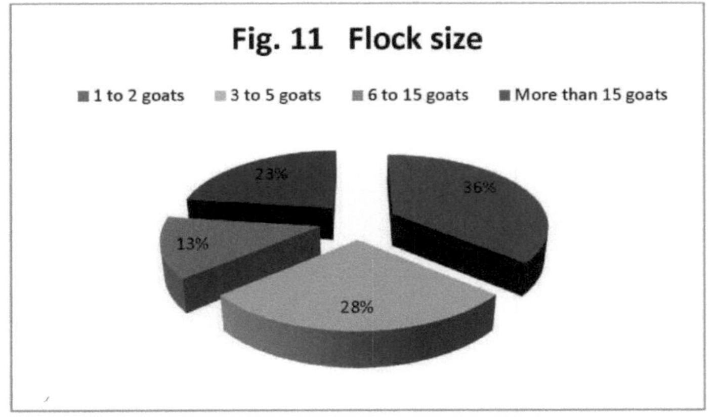

Fig. 11   Flock size

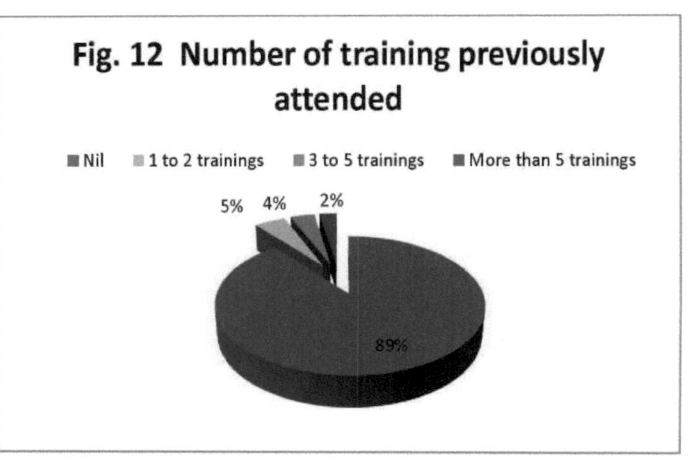

Fig. 12 Number of training previously attended

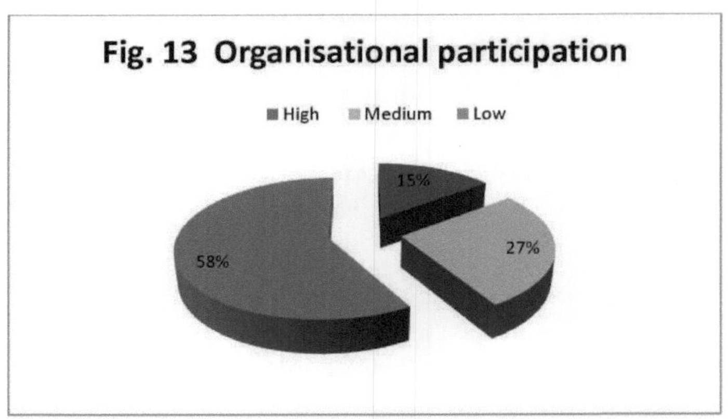

Fig. 13 Organisational participation

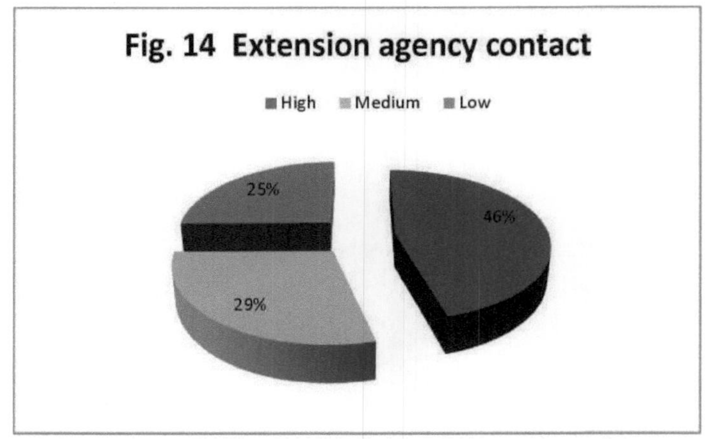

Fig. 14 Extension agency contact

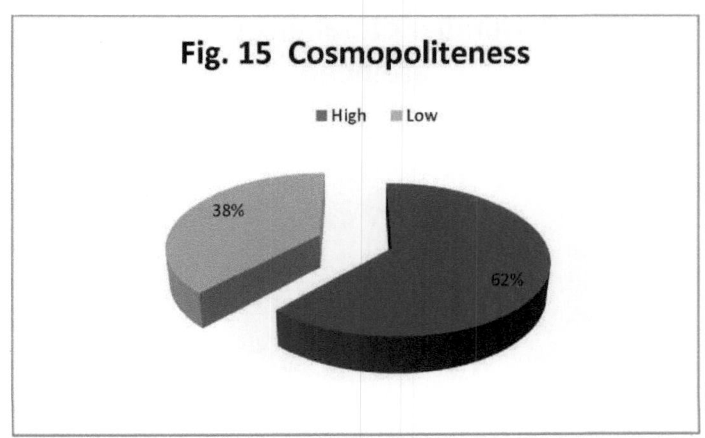

Fig. 15 Cosmopoliteness

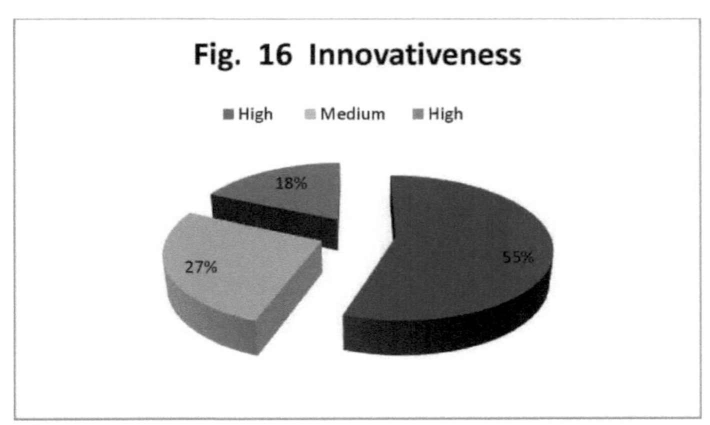

Fig. 16 Innovativeness
High   Medium   High
18%
27%
55%

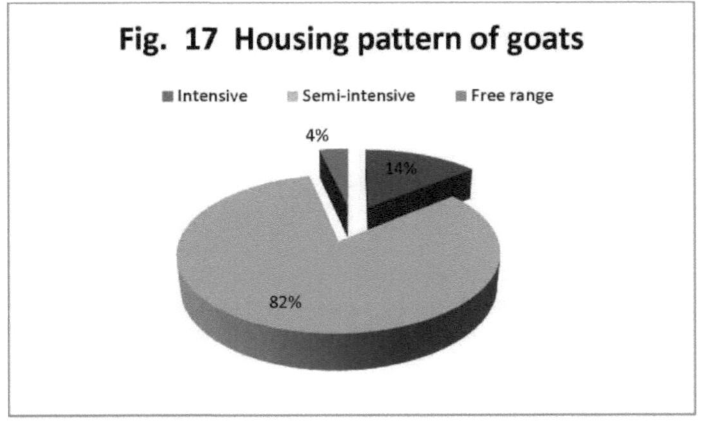

Fig. 17 Housing pattern of goats
Intensive   Semi-intensive   Free range
4%
14%
82%

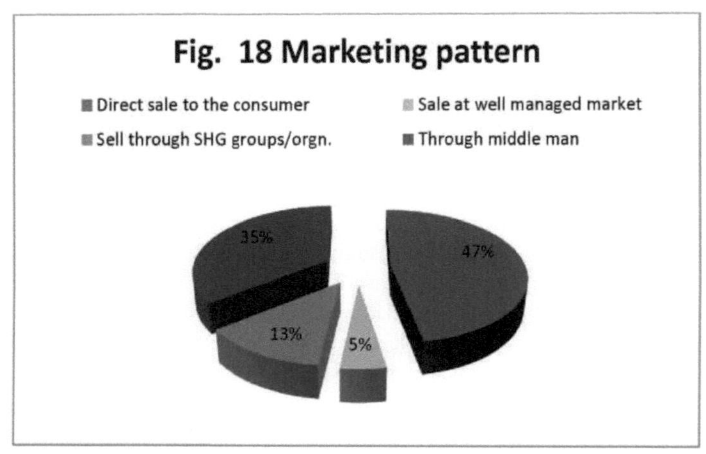

Fig. 18 Marketing pattern
Direct sale to the consumer   Sale at well managed market
Sell through SHG groups/orgn.   Through middle man
35%
47%
13%
5%

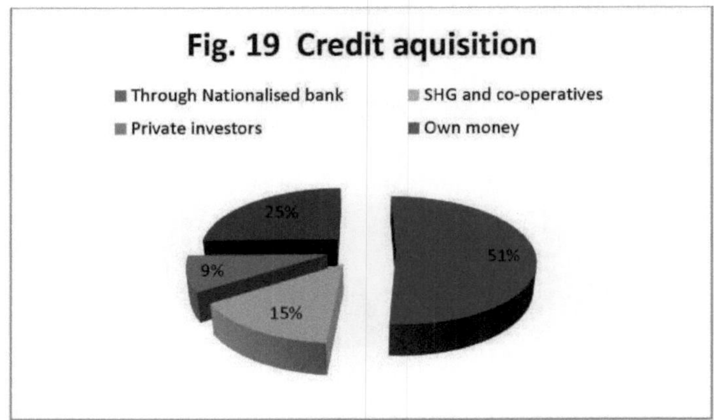

4.1.1. Idade

O estudo revelou que, entre os empresários caprinos estudados, uma percentagem igual (39,00%) era de idade média (35-50 anos) ou jovem (menos de 35 anos) e os restantes 22,00% eram idosos (mais de 50 anos) (Fig. 2). Entre os empresários que frequentaram a formação no campus, metade deles (50,00%) tinha menos de 35 anos, seguidos de 29,00% de idade média e 21,00% de idade avançada, respetivamente. Por outro lado, no caso dos criadores de cabras que frequentaram a formação fora do campus, mais de metade deles (54,79%) pertenciam ao grupo de meia-idade, seguidos dos mais velhos (mais de 50 anos) (24,66%) e dos jovens (20,55%) (Quadro 1).

4.1.2. Género

Entre os empresários do sector caprino que frequentaram a formação, a maioria (83,76%) era do sexo masculino, seguido do sexo feminino (16,24%) (Fig. 3). No caso dos formandos ou criadores de cabras ou empresários de cabras que frequentaram a formação no campus, a maioria (94,40%) era do sexo masculino, enquanto que a participação feminina foi de apenas 5,60%. Relativamente à participação feminina na formação fora do campus, foi registada cerca de um terço (65,75%) (Quadro 1).

4.1.3. Casta/ Religião

O estudo revelou que, entre os caprinicultores estudados que participaram na formação, 44,40% pertenciam à categoria geral, seguidos dos muçulmanos (26,40%) e dos cristãos (23,86%) (Fig. 4). A participação na formação entre os SC/ST foi de apenas 4,57% e 0,51%, respetivamente. Também se verificou um padrão de participação semelhante na formação no campus e fora do campus.

4.1.4. Educação

O estudo revelou que, entre os produtores de caprinos estudados que participaram em programas de formação, 57,87% tinham formação superior, seguidos do ensino secundário (29,95%) e do ensino primário (10,66%) (Fig. 5). No caso dos agricultores que participaram em acções de formação no campus, 69,35% tinham formação universitária, seguidos do ensino secundário (27,42%) e do ensino primário (3,23%), respetivamente. Por outro lado, o nível de instrução dos participantes na formação fora do campus era o nível universitário (38,36%), o ensino secundário (34,25%), o ensino primário (23,29%) e os analfabetos (4,11%). A percentagem global de analfabetos foi de 1,52% apenas, ao passo que, no caso da formação fora do campus, era de 4,11% e não havia analfabetos nas formações no campus.

4.1.5. Ocupação

O estudo revelou que, entre os criadores de cabras estudados, cerca de um quarto (24,37%) tinha a agricultura como ocupação principal, seguida da criação de gado leiteiro (21,83%), dos NRIs (18,78%), dos empresários (14,21%), dos reformados (9,64%) e dos funcionários públicos (6,60%) (Fig. 6). Apenas 4,57% dos inquiridos estudados tinham como ocupação principal a criação de cabras. Relativamente aos participantes na formação no campus, mais de um quarto (25,81%) eram retornados do Golfo, seguidos de igual percentagem (16,13%) de agricultores e empresários, igual percentagem (14,52%) de reformados e produtores de leite, funcionários públicos (9,68%) e criação de cabras como ocupação principal (3,23%).

No caso dos participantes na formação fora do campus, 38,36% dos inquiridos tinham a agricultura como ocupação principal, seguida da criação de gado leiteiro (34,25%), negócios (10,96%), igual percentagem (6,85%) de retornados do Golfo e criadores de cabras e igual percentagem (1,37%) de reformados e funcionários públicos em serviço.

4.1.6. Tipo de família e dimensão da família

O estudo revelou que, entre os criadores de cabras que frequentaram a formação, a maioria (72,08%) tinha uma família nuclear, seguida de uma família conjunta (27,92%) (Fig. 7 e 8). Relativamente ao tamanho da família, cerca de metade (49,24%) tinha até quatro membros, seguindo-se uma família com 5-8 membros (38,58%) e mais de oito (12,18%).

4.1.7. Exploração de terras

A maioria (81,22%) dos inquiridos eram agricultores marginais, seguidos de pequenos agricultores (10,15%), grandes agricultores (5,58%) e trabalhadores sem terra (3,05%) (Fig. 9). Padrões semelhantes foram também seguidos no caso dos inquiridos que participaram em acções de formação dentro e fora do campus.

4.1.8. Lucro da criação de cabras

Uma vez que muitos dos inquiridos eram principiantes na criação de cabras, a maior parte deles ainda não tinha começado a obter rendimentos e, na altura do estudo, apenas 37,56% estavam a obter rendimentos (Fig. 10). Dos inquiridos estudados, 14,72% obtinham rendimentos até 5000 rupias, seguidos de rendimentos entre 5000 e 10000 rupias (7,16%), rendimentos entre 15000 rupias e mais (8,63%) e rendimentos entre 10000 e 15000 rupias (6,60%).

4.1.9. Tamanho do bando

Como a maior parte dos inquiridos eram principiantes, apenas 53,3% deles criavam cabras (Fig. 11). Quase um quinto (19,29%) dos inquiridos tinha uma ou duas cabras, seguido de três a cinco cabras (14,73%), mais de 15 cabras (12,18%) e 6 a 15 cabras (7,11%), respetivamente.

4.1.10. Número de acções de formação frequentadas

A maioria (89,34%) dos inquiridos não tinha participado em qualquer formação anteriormente e apenas uns escassos 4,57% tinham participado numa a duas formações, seguidas de três a cinco formações (3,55%) e mais de cinco formações (2,54%), respetivamente (Fig. 12).

4.1.11. Participação organizacional

O quadro mostra que 58,38% dos inquiridos estudados tinham um nível baixo de participação organizacional, seguido de um nível médio (26,90%) e alto (14,725), respetivamente (Fig. 13).

4.1.12. Contacto da agência de extensão

A Tabela 1 mostra que menos de metade dos inquiridos (48,22%) tinha um nível elevado de contacto com as agências de extensão, seguido de níveis médios (30,46%) e baixos (26,40%), respetivamente (Fig.14).

4.1.13. Educação Cosmo

O Quadro 2 mostra que mais de três quintos (61,93%) dos inquiridos tinham um nível elevado de cosmoeducação, seguido de um nível baixo (38,07%), respetivamente (Fig. 15).

Tabela 2. Pormenores sobre a cosmopolitismo dos formandos em estudo

Agreement	On-campus training (n=124)		Off-campus training (n=73)	
	F	%	F	%
Yes	84	67.74	38	52.05
No	40	32.26	35	47.95

O quadro_ indica que mais de dois terços (67,74%) dos formandos estudados no campus eram cosmopolitas, ao passo que apenas metade (52,05%) dos formandos estudados fora do campus tinham carácter cosmopolita.

4.1.14. Inovação

Table 3. mostra que mais de metade (55,33%) dos inquiridos tinham um nível elevado de capacidade de inovação, seguido de um nível médio (26,40%) e baixo (18,27%), respetivamente (Fig.16).

Tabela. 3. Inovação

Sl. No.	Category	On campus training (n=124)		Off campus training (n=73)	
		F	%	F	%
1	Adopt an improved technology related to farming as soon as it is brought to my knowledge	24	19.35	12	16.44
2	Adopt an improved technology related to farming after seeing adopted by other farmers	32	25.81	20	27.40
3	Prefer to wait and take time to adopt an improved technology related to farming.	68	54.84	41	56.16

É evidente no quadro 3 que 54,84% e 56,16% dos inquiridos que frequentaram a formação no campus e fora do campus preferiram esperar e demorar a adotar uma tecnologia melhorada relacionada com a agricultura, ao passo que 25,81% e 27,40% dos inquiridos que frequentaram a formação no campus e fora do campus adoptaram a tecnologia melhorada depois de a verem adoptada por outros agricultores. Apenas 19,35% e 16,44% das duas categorias preferiram adotar a tecnologia logo que esta lhes foi comunicada. Os inquiridos avaliaram a informação à luz da situação económica local e da experiência passada. Além disso, preferiram discutir com outros agricultores e considerar a viabilidade técnica. Isto está de acordo com a teoria da adoção de Roger, segundo a qual apenas uma pequena percentagem de agricultores é inovadora, mas contradiz as conclusões de Kharatmol (2006), Sharma (2006) e Rao et al. (2012).

1.1.15. Padrão de habitação dos caprinos

O estudo revelou que, entre os empresários caprinos estudados, a maioria (82,23%) dos inquiridos segue o sistema semi-intensivo para as suas cabras, seguido do sistema intensivo (14,21%) e do sistema de criação ao ar livre (3,55%), respetivamente (Fig.17). Há uma grande diferença entre o padrão de criação de cabras dos formandos dentro e fora do campus. No caso dos formandos que se encontram no campus, a maioria (79,03%) segue o sistema intensivo de criação de cabras (20,97%). Não há ninguém que siga o sistema de criação de cabras em liberdade. No caso dos formandos que receberam formação fora do campus, a maioria (87,67%) seguia o sistema semi-intensivo, seguido do sistema de criação ao ar livre (9,59%) e do sistema intensivo (2,74%).

1.1.16. Experiência na criação de caprinos

A tabela 4 revelou que a maioria (74,19%) dos formandos que participaram na formação no campus não tinha experiência prévia em caprinicultura, seguida de menos de cinco anos de experiência (24,19%) e mais de cinco anos de experiência (1,61%). Por outro lado, no caso dos formandos que participaram na formação fora do campus, menos de dois quintos (38,71%) tinham mais de cinco anos de experiência, seguidos de menos de cinco anos de experiência (14,52%) e 13,71% sem experiência prévia em caprinicultura.

Tabela. 4. Experiência na criação de cabras

Statements	On campus training		Off campus training	
	F	%	F	%
No prior experience in goat farming	92	74.19	17	13.71
Less than 5 years of experience	30	24.19	18	14.52
More than 5 years of experience	2	1.61	48	38.71

1.1.17. Criação de quaisquer outros animais

O quadro 1 revelou que menos de um quarto (24,20%) dos formandos que frequentaram a formação no campus e 34,20% dos formandos que frequentaram a formação fora do campus criavam outros animais para além de cabras. A percentagem de criação de vacas leiteiras entre os formandos no campus e fora do campus foi de 14,52% e 17,81%, respetivamente. Os outros animais criados incluíam aves de capoeira, porcos, coelhos e peixes.

Quadro 5. Pormenores dos animais criados pelos formandos no âmbito do estudo

Statements	On campus training		Off campus training	
	F	%	F	%
Dairy	18	14.52	13	17.81
Poultry	5	4.03	4	5.48
Pig	3	2.42	2	2.74
Rabbit	3	2.42	2	2.74
Fish	1	0.81	4	5.48

A partir do Quadro 5, pode concluir-se que os inquiridos que possuíam uma unidade de produção de lacticínios entre os formandos do campus e fora do campus em estudo eram 14,52% e 17,81%, respetivamente. Além disso, uma escassa percentagem tinha unidades de criação de aves de capoeira, de suínos, de coelhos e de pesca como rendimento adicional.

1.1.18. Padrão de marketing

O quadro 1 mostra que cerca de metade (47,21%) dos inquiridos estudados faziam vendas directas de cabras aos consumidores, seguidas de vendas de cabras através de intermediários (35,53%), através de grupos/organização SHG (12,69%) e vendas através do mercado (4,57%). Observou-se uma diferença específica no padrão de vendas entre os formandos (Fig.18).

1.1.19. Aquisição de crédito

A Tabela 1 mostra que mais de metade (51,78%) dos inquiridos adquire crédito através de um banco nacional, seguido de dinheiro ou capital próprio (25,38%), através de GAAs e cooperativas (14,72%) e investidores privados (9,14%) (Fig. 19).

1.2. Comportamento de procura de informação dos formandos seleccionados para o estudo.

Foi feita uma análise do comportamento de procura de informação dos estagiários seleccionados no âmbito do estudo, a fim de compreender melhor a sua exposição e sensibilização relativamente aos meios de comunicação electrónicos e impressos. Os resultados são apresentados a seguir:

Tabela. 6 Comportamento dos agricultores na procura de informação

Sl. No.	Category	On-campus training (n=124)						Off-campus training (n=73)					
		Frequently		Occasionally		Rarely		Frequently		Occasionally		Rarely	
Mass media sources													
1	Radio	8	6.45	34	27.42	82	66.13	32	43.84	21	28.77	20	27.40
2	Television	98	79.03	22	17.74	4	3.23	53	72.60	12	16.44	8	10.96
3	Newspaper	100	80.65	16	12.90	8	6.45	43	58.90	17	23.29	13	17.81
4	Magazines	18	14.52	44	35.48	62	50.00	7	9.59	12	16.44	54	73.97
5	Internet	52	41.94	30	24.19	42	33.87	11	15.07	22	30.14	40	54.79
6	Extension literature	23	18.55	30	24.19	71	57.26	12	16.44	15	20.55	46	63.01
7	Animal husbandry films	32	25.81	12	9.68	80	64.52	21	28.77	18	24.66	34	46.58
8	Exhibition/ Campaign	12	9.68	20	16.13	92	74.19	19	26.03	7	9.59	47	64.38
9	CDs / DVDs	46	37.10	21	16.94	57	45.97	6	8.22	11	15.07	56	76.71

No que diz respeito à utilização da fonte de informação, os meios de comunicação social, como a televisão e os jornais, foram a principal fonte de informação frequentemente utilizada por ambas as categorias de inquiridos estudadas (Tabela 6). Verificou-se que cerca de 80,00 por cento dos inquiridos que frequentaram a formação no campus utilizaram a televisão e o jornal como fonte de informação, enquanto a sua utilização pelos formandos fora do campus foi de 72,60 por cento e 58,90 por cento, respetivamente. Outro facto interessante observado foi o da utilização da Internet. A leitura do quadro_ revelou que dois quintos (41,94%) dos formandos no campus utilizavam frequentemente a Internet como fonte de informação, ao passo que, entre os formandos fora do campus, essa percentagem era de apenas 15,07%.

1.3. Análise do teste 't' emparelhado dos programas de formação.

Foram seleccionadas para o estudo quatro formações práticas a nível estatal realizadas durante os meses de abril, junho, agosto e outubro de 2015. No total, 124 caprinocultores, incluindo 10 participantes do sexo feminino em todo o estado, participaram do programa de treinamento de dois dias (Tabela 7.). O foco principal do programa de formação era cobrir todos os aspectos importantes da produção de caprinos a nível comercial, incluindo economia e marketing. Foram seleccionados para o estudo três programas de formação fora do campus, com a duração de um dia, para agricultores beneficiários do AICRP nos agrupamentos seleccionados do projeto. No total, 119 beneficiários participaram em programas de formação realizados na área do agrupamento durante os primeiros três meses de 2016, uma vez que este é o período em que o clima na área é agradável. Foram organizados três programas de formação nas unidades de campo dos agrupamentos de Talipparamba, Tanur e Perambra, nos distritos de Kannur, Malappuram e Kozhikode, respetivamente.

Tabela. 7. Análise do teste T de pares dos programas de formação

Name of the training	Number of trainees		Average knowledge score		't' test
	Male	Female	Before training	After training	
State level training on commercial goat farming- April 2015	27	0	7.13±1.493 SD = 4.224	15.88±1.302 SD= 3.682	19.309**
State level training on commercial goat farming- June 2015	30	0	15.74±.587 SD = 2.557	21.37±.603 SD = 2.399	9.050**
State level training on commercial goat farming- August 2015	26	1	16.33±1.819 SD = 6.301	22.25±.305 SD = 1.055	3.290**
State level training on commercial goat farming- October 2015	31	6	8.12±1.147 SD = 4.729	17.06±.833 SD = 3.436	21.997**
Commercial goat farming -Off campus – January 2016	9	16	8.96±.705 SD = 3.594	18.08± .582 SD = 2.965	18.002**
Commercial goat farming-Off campus - February 2016	7	14	11.08±.785 SD = 3.844	19.92±.564 SD = 2.765	27.900**
Commercial goat farming-Off campus - March 2016	9	10	11.13±.496 SD = 2.380	21.65±.330 SD = 1.584	27.744**

1.4. Nível de conhecimentos sobre a criação científica de caprinos entre os formandos seleccionados para o estudo.

O impacto do nível de conhecimentos dos participantes na formação a nível estatal em abril de 2015 é apresentado no Quadro 7. As pontuações médias de conhecimentos aumentaram de 7,13 para 15,88, indicando um elevado ganho de conhecimentos. O valor 't' de 19,309 revelou que o ganho de conhecimentos foi altamente significativo. Relativamente à formação a nível estatal em junho de 2015, as pontuações de conhecimento pré e pós melhoraram de 15,74 para 21,37, indicando que houve um ganho significativo no conhecimento dos participantes sobre a criação científica de cabras.

Na terceira formação estudada, intitulada "Formação a nível estatal sobre criação comercial de cabras - agosto de 2015". A pontuação de conhecimento antes da formação foi de 16,33 e foi de 22,25 após a formação, mostrando um ganho muito elevado de conhecimento. Além disso, o valor 't' de 3,290 indica um ganho altamente significativo no conhecimento dos formandos sobre os aspectos da criação de cabras.

A formação em outubro de 2015 contou com a participação de 37 agricultores, incluindo seis mulheres. As pontuações médias de conhecimento aumentaram de 16,33 para 17,06, indicando um elevado ganho de conhecimento. O 't' de 21,997 revelou que o ganho de conhecimento foi altamente significativo.

Também se pode notar que a participação das mulheres foi menor nos programas de formação a nível estatal. Relativamente à formação fora do campus intitulada "criação comercial de cabras", realizada em janeiro de 2016, na unidade de campo do agrupamento de Talipparamba, no distrito de Kannur. A formação contou com a participação de 45 agricultores, sendo 64,44% do sexo feminino. As pontuações pré e pós-conhecimento melhoraram de 8,96 para 18,08, indicando que houve um ganho significativo no conhecimento dos participantes sobre a criação científica de cabras. A segunda formação fora do campus foi realizada na aldeia de Perambra, no distrito de Kozhikode, em fevereiro de 2016. Um total de 41 participantes assistiu à formação. A pontuação de conhecimentos antes da formação era de 11,08 e de 19,92 após a formação, o que revela um ganho muito elevado de conhecimentos. Além disso, o valor "t" de 27,900 indica um ganho significativo de conhecimentos dos formandos no domínio da criação de cabras.

A formação seguinte, fora do campus, foi realizada na unidade de campo de Tanur, no distrito de Malappuram, onde 33 criadores de cabras participaram no programa de formação de um dia. As pontuações médias de conhecimentos aumentaram de 11,13 para 21,65, o que indica um elevado ganho de conhecimentos. O valor 't' de 27,744 revelou que o ganho de conhecimentos foi altamente significativo. Verificou-se também que a participação das mulheres foi maior na formação fora do campus do que na formação prática a nível estatal. Verificou-se também que a participação das mulheres foi de 66,39% no programa de formação fora do campus, ao passo que foi de apenas 9,68% no caso do programa de formação a nível estatal realizado na estação de base.

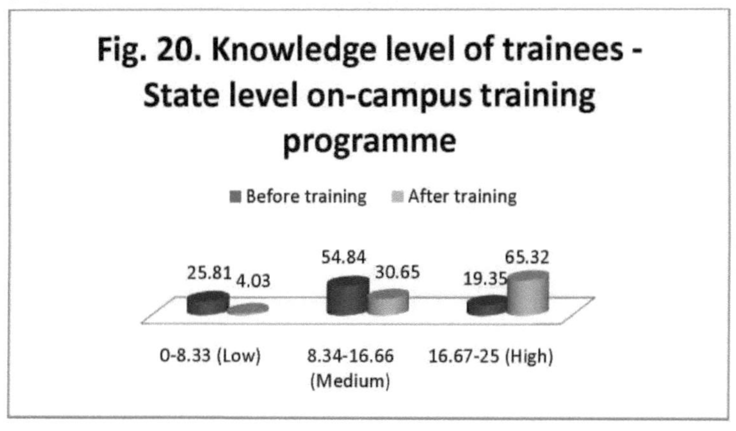

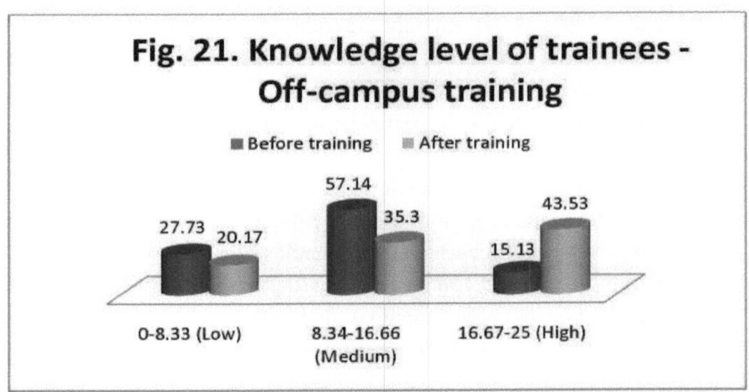

A Fig. 20 mostra que o nível de conhecimentos dos formandos do programa de formação a nível estatal no campus apresentou uma tendência média (54,84%) para baixa (25,81%) antes da formação, ao passo que, após a formação, o nível de conhecimentos dos formandos apresentou uma tendência elevada (65,32%) para média (30,65%).

Da mesma forma, a partir da Fig. 21, o nível de conhecimentos dos formandos da formação fora do campus mostrou uma tendência média (57,14%) para baixa (27,73%) antes da formação, enquanto que, após a formação, teve uma inclinação alta (45,53%) para média (35,30%).

1.5. O grau de satisfação e a opinião dos formandos relativamente aos programas de formação.

Os resultados (Tabela 8) mostraram que 74,49% dos inquiridos estavam totalmente satisfeitos com os principais instrutores, 71,60% com as instalações físicas da sala de aula, 69,96% com o programa em geral, 66,67% com a visita de exposição, 54,32% com os materiais de estudo/manuais fornecidos durante a sessão de formação e 48,56% dos inquiridos com o conteúdo do programa, respetivamente. Verificou-se também que, em certa medida, os inquiridos estavam satisfeitos com os materiais de estudo/manuais fornecidos durante a sessão de formação (41,98%), com as instalações físicas na sala de aula (37,04%), com o alojamento (38,68%) e com o alojamento (33,74%), respetivamente.

Table 8. Distribuição dos participantes inquiridos de acordo com o seu grau de satisfação com as instalações fornecidas durante o programa de formação.

N=197

Sl. No.	Constraints faced	Full extent		To some extent		Not at all	
		F	%	F	%	F	%
1	Programme content	96	48.56	62	31.28	40	20.16
2	Major Instructors	147	74.49	34	17.28	16	8.23
3	Programme in general	138	69.96	41	20.58	19	9.47
4	Relevance to your need	141	71.60	45	22.63	11	5.76
5	Boarding	49	24.69	66	33.74	82	41.56
6	Lodging	28	14.40	76	38.68	92	46.91
7	Physical facilities in class room	73	37.04	73	37.04	51	25.93
8	Exposure visit	131	66.67	49	25.10	16	8.23
9	Study materials/ Hand out given during training session	107	54.32	83	41.98	7	3.70
10	Availability of reading materials	58	29.22	66	33.74	73	37.04

Resultados semelhantes foram também observados por Meena e Singh (2015). Verificou-se também que 46,91% dos inquiridos não estavam satisfeitos com as instalações de alojamento, seguidas das instalações de alojamento (41,56%), da disponibilidade de materiais de leitura (37,04%), das instalações físicas na sala de aula (25,93%) e do conteúdo programático (20,16%).

Table 9. Opinião dos participantes sobre o programa de formação

N=197

Sl. No.		Agree Strongly	Agree	Disagree	Disagree Strongly
1.	It was a very good educational experience.	126 (64.20)	36 (18.52)	26 (13.17)	8 (4.12)
2.	I would like to take another programme presented this way	96 (48.97)	66 (33.33)	26 (13.17)	9 (4.53)
3.	It was easy to remain attentive.	134 (67.90)	43 (21.81)	13 (6.58)	7 (3.70)
4.	The material covered was worthwhile.	127 (64.61)	41 (20.58)	17 (8.64)	12 (6.17)
5.	The subject was quite interesting.	134 (67.90)	44 (22.63)	11 (5.35)	8 (4.12)
6.	The faculty demonstrated a thorough knowledge of the subject matter.	126 (63.79)	48 (24.69)	11 (5.35)	12 (6.17)
7.	Training material supplied was quite interesting and useful.	129 (65.43)	44 (22.22)	15 (7.41)	10 (4.94)
8.	The exercise sessions were organized very well.	139 (57.61)	76 (31.28)	17 (7.00)	10 (4.12)
9.	Not much was gained by participation in this programme.	12 (6.17)	17 (8.64)	34 (17.28)	134 (67.90)
10.	I would have preferred another method of teaching the programme.	16 (8.23)	21 (10.70)	30 (15.23)	130 (65.84)

A leitura da tabela 9. revelou que os inquiridos estudados concordaram fortemente com a maioria das afirmações pedidas para obter a opinião sobre o programa de formação. Verificou-se também que mais de metade (50,62%) dos inquiridos (fig. 22) tinha uma opinião medianamente favorável sobre o programa de formação, seguida de uma opinião muito favorável (34,16%) e de uma opinião menos favorável (15,23%), respetivamente.

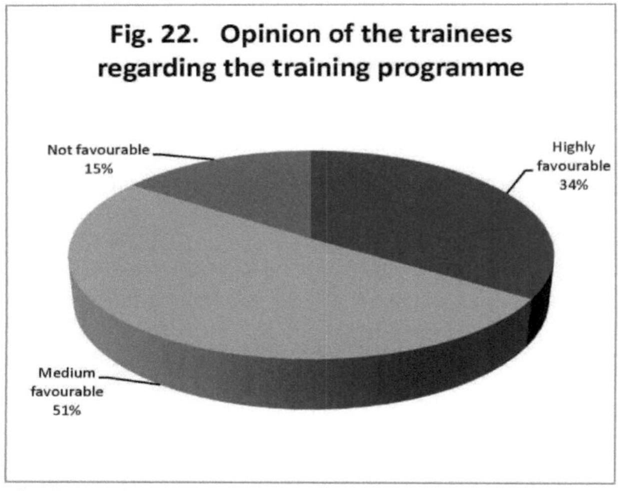

Fig. 22. Opinião dos formandos sobre o programa de formação.

1.6. Sugestões dadas pelos formandos relativamente ao programa de formação.

A fim de melhorar a eficácia do programa de formação profissional, foram tidas em conta as sugestões dos formandos. A partir da Tabela 10, verificou-se que 88,07% dos inquiridos preferiam que o programa de formação fosse organizado na sua própria aldeia, seguido da organização do programa de formação na época de verão, sobretudo depois do meio-dia (83,13%), da melhoria das instalações de alojamento e alojamento (76,95%), da disponibilização de mais materiais de leitura, CD, folhetos, etc. (74,07%), da disponibilização de mais visitas de exposição, bem como do endereço de contacto de agricultores progressistas (67,90%) e da disponibilização de mais eficácia após a formação para a aprendizagem contínua (64,61%). Achados semelhantes foram também observados por Singh et.al., (2015).

Quadro 10. Sugestões dadas pelos participantes relativamente ao programa de formação

N= 197

Sl. No.	Suggestions	Frequency	Percent
1	Prefer training programme in our own village	174	88.07
2	Prefer training during summer season mostly after noon	164	83.13
3	Must improve the lodging and boarding facilities	152	76.95
4	Provide more reading materials, CD's, leaflets etc.	146	74.07
5	Provide more exposure visits as well as contact address of progressive farmers	134	67.90
6	Provide more effective after training for continuing learning	127	64.61

1.7. Correlação e regressão entre as variáveis sócio-pessoais e os conhecimentos adquiridos pelos formandos.

Relação entre as variáveis independentes e os conhecimentos adquiridos pelos agricultores relativamente às práticas de maneio científico dos caprinos

Para compreender a associação entre as características dos agricultores e os conhecimentos por eles adquiridos relativamente às práticas científicas de maneio dos caprinos, foi efectuada uma análise de correlação de Pearson, cujos resultados são apresentados no quadro 11.

O quadro mostra que, das quinze variáveis estudadas, o sexo, a educação, a profissão, a dimensão do rebanho, a experiência na criação de cabras, a utilização dos meios de comunicação social, o contacto com a agência de extensão e o número de acções de formação frequentadas tiveram uma relação positiva e significativa ao nível de 1%. Por outro lado, a variável idade teve uma relação positiva e significativa ao nível de 5 por cento.

Tabela 11. Correlação entre variáveis sócio-pessoais e aquisição de conhecimentos

Variables	Correlation co-efficient
Age	0.172*
Gender	0.282NS
Caste/Religion	0.051NS
Education	0.405**

Occupation	0.382NS
Flock size	0.281**
Experience in goat rearing	0.287**
Land holding	0.02**
Profit from goat farming	0.10**
Mass media usage	0.306**
Extension agency contact	0.256**
Cosmo-politeness	0.065NS
Marketing pattern	0.049NS
Credit availability	-0.042NS
No. of training attended	0.195**

** A correlação é significativa ao nível de 0,01 (bicaudal).

1 A correlação é significativa ao nível de 0,05 (bicaudal).

NS Não significativo

Contribuição das variáveis independentes para o conhecimento adquirido pelos agricultores relativamente às práticas científicas de maneio dos caprinos

Para descobrir quais as variáveis independentes que explicam a influência sobre as variáveis dependentes e também para conhecer o grau de contribuição dessas variáveis, foi efectuada uma análise de regressão múltipla. Com base na correlação co-eficaz, todas as quinze variáveis foram incluídas na análise de regressão múltipla. Os resultados são apresentados no Quadro 12.

Observou-se que todas as variáveis independentes seleccionadas, no seu conjunto, podiam explicar 56,30% da variação dos conhecimentos adquiridos pelos agricultores sobre as práticas científicas de gestão dos caprinos. Entre as quinze variáveis seleccionadas para análise, apenas duas variáveis, ou seja, o rendimento anual e a educação, se revelaram positivamente significativas ao nível de 1 por cento, ao passo que a propriedade fundiária se revelou negativamente significativa ao nível de 1 por cento. As variáveis, dimensão do rebanho, contacto com a agência de extensão e cosmo-polidez, revelaram-se positivamente significativas, ao nível de 5%, no que se refere aos conhecimentos adquiridos pelos agricultores sobre as práticas científicas de gestão dos caprinos.

Table 12. Regressão entre as variáveis sócio-pessoais e os conhecimentos adquiridos pelos agricultores relativamente às práticas de maneio científico dos caprinos

Variable no.	Variables	Partial regression co-efficient	Standard Error	't' value
	(Constant)	65.600**	6.233	10.524
X1	age	0.021NS	0.026	0.816
X2	Gender	0.208NS	0.454	0.458
X3	Caste/Religion	0.343NS	0.213	1.610
X4	Education	0.921**	0.355	2.597
X5	Occupation	-0.122NS	0.166	-0.734
X6	Flock size	0.119*	0.048	2.448
X7	Experience in goat rearing	-0.037NS	0.031	-1.204
X8	Land holding	-2.168**	0.498	-4.352
X9	Profit from goat farming	2.33E-005**	0.001	2.593
X10	Mass media exposure	0.122NS	0.679	0.180

X11	Extension agency contact	1.309*	0.553	-2.367
X12	cosmopoliteness	1.269*	0.567	-2.238
X13	Marketing pattern	-0.420NS	0.357	-1.177
X14	Credit availability	-0.219NS	0.188	-1.164
X15	Number of training	2.432NS	2.951	0.824
	R Square = 0.5630, F = 9.962**, n=197			

** A correlação é significativa ao nível de 0,01 (bicaudal).

* A correlação é significativa ao nível de 0,05 (bicaudal).

NS Não significativo

A partir do resultado, pode afirmar-se que um aumento unitário nas variáveis como a educação, a dimensão do rebanho, o rendimento anual, o contacto com a agência de extensão e a cosmo-educação aumentaria o conhecimento adquirido pelos agricultores relativamente às práticas científicas de gestão de caprinos em 0,921, 0,119, -2,168,0,0233, 1,309 e 1,269 unidades, respetivamente.

22.8. Constrangimentos e sugestões expressas pelos empresários caprinos em formação sobre o maneio científico dos caprinos

O quadro 13 mostra que a indisponibilidade de reprodutores de qualidade superior é o principal obstáculo sentido pelos detentores de caprinos, que ocupam o primeiro lugar (quadro). A falta de conhecimentos sobre a criação comercial de caprinos foi sentida como um constrangimento na adoção da criação comercial de caprinos e foi classificada em segundo lugar pelos criadores de caprinos. A escassez de forragens e de terras de pastagem foi classificada em terceiro lugar pelos criadores de cabras na adoção da criação comercial de cabras. A falta de crédito é um obstáculo à adoção da caprinicultura comercial, o que é sentido pelos caprinicultores estagiários que pretendem praticar a caprinicultura comercial, tendo sido classificado em quarto lugar. A indisponibilidade de infra-estruturas de mercado para a comercialização dos caprinos e dos produtos caprinos foi um constrangimento sentido pelos estagiários de caprinicultura, tendo sido classificado em quinto lugar. O sexto e último constrangimento foi a indisponibilidade de tratamento e diagnóstico adequados das doenças dos caprinos.

Table 13. Constrangimentos expressos pelos empresários caprinos em matéria de gestão científica dos caprinos

Sl. No.	Statements	Mean Score	Rank
1.	Non-availability of superior buck for breeding	1.95	I
2.	Lack of knowledge on commercial goat farming	1.87	II
3.	Scarcity of fodder and grazing land	1.85	III
4.	Lack of credit facilities	1.77	IV
5.	Poor market infrastructure for goats and goat products	1.59	V
6	Non-availability of proper treatment and diagnosis of disease	1.58	VI

Para ultrapassar os constrangimentos que os empresários caprinos enfrentam na criação científica de cabras, as suas sugestões foram tidas em conta (Quadro 14).

Verificou-se que 75,00% dos inquiridos sugeriram que se fornecesse um reprodutor de qualidade superior a baixo preço, seguido de formação gratuita sobre a criação comercial de cabras (73,06%), fornecimento de conhecimentos sobre a criação melhorada de cabras através dos meios de comunicação social, utilização de TICs modernas, seminários, etc. (65,00%), fornecimento de pastagens de boa qualidade com base em subsídios (58,89%), facilitação de empréstimos a baixa taxa de juro por parte dos bancos nacionalizados (54.72%), assistência para a criação de organizações de produtores de caprinos a nível regional (50,83%), criação de grupos de autoajuda a nível das aldeias para a criação de caprinos (46,39%), preços remuneradores para a venda de caprinos (45,00%), mercado de caprinos e facilidades de transporte (44,17%) e fornecimento de ajuda veterinária, medicamentos e vacinação contra doenças contagiosas do hospital veterinário do governo sem custos (43,89%).

Tabela. 14. Sugestões expressas pelos empresários caprinos em formação sobre o maneio científico dos caprinos N=197

Sl. No.	Statements	F	%
1.	Availability of superior breeding bucks on low price	148	75.00
2.	Training on commercial goat rearing free of cost	144	73.06
3.	Providing knowledge about improved goat farming through mass media, using modern ICTs, seminars etc.	128	65.00
4.	Provision of availability of grazing land and good quality feed on subsidy.	116	58.89
5.	Facilitate loan on low rate of interest from the nationalised banks	108	54.72
6.	Provide assistance for establishing Goat Farmers Producer Organisations at regional level	100	50.83
7.	Initiate Selp Help Group at village level on goat farming	91	46.39
8.	Remunerative price for goats selling	89	45.00
9.	Goat market and transport facility	87	44.17
10.	Providing veterinary aid, medicine and vaccination against contagious disease from government veterinary hospital free of costs	86	43.89

Fig. 23. Modelo empírico do estudo

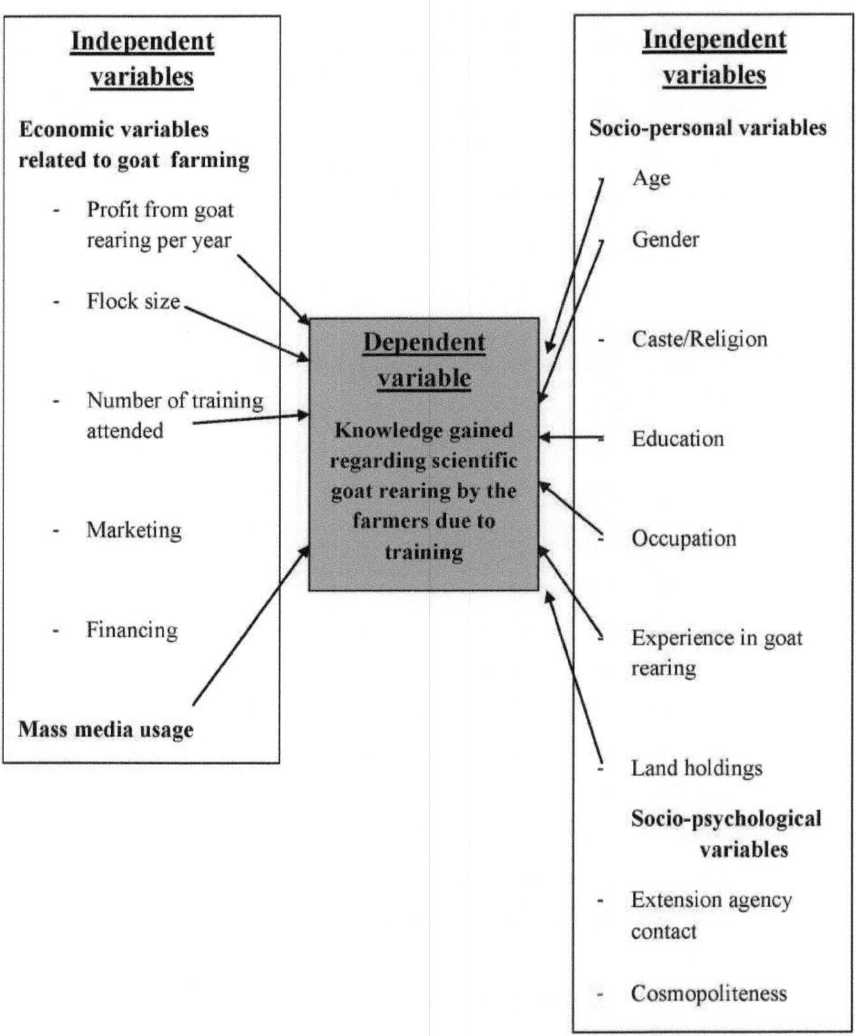

<u>**Tabela. 15. Características dos formandos no campus e fora do campus no âmbito do estudo**</u>

Off-campus training	On-campus training
Characteristics	**Characteristics**
Mostly Women, middle to old aged (between 45 to 60 years of age), belonged to Other Backward Classes and SC/STs, with primary to high school education, mostly housewives, agricultural labours, with family size of 5-8 members (help in rearing), predominantly with landless to marginal land holdings, with flock size of 2-5 have an income of Rs.1000-Rs.1500/- per month, having semi- intensive system to free range system of rearing, mostly rear goat as secondary occupation and as addition income to the family, with low organisational participation and cosmo-politeness and medium extension agency contacts and innovativeness, credit availability mainly though SHG's, co-operative societies, Television and newspapers are the major mode of information sources.	Mostly men, young to middle aged (between 20-45 years of age), Mostly NRI's and Gulf returnees, business persons, having other livestock farms such as dairy, poultry etc., group of unemployed and under employed rural youth in partnership, predominantly having 2-5 acres of land, mostly with no prior experience in goat rearing, wants to do goat rearing on a commercial basis, expecting an income from goat farm of the range Rs.20,000-Rs.25,000/- per month, having semi-intensive to intensive system of rearing, with high organisational participation, cosmo-politeness, extension agency contacts, innovativeness, credit availability mainly through bank loans with a share of own money. Use all the modern ICT's such as internet, mobiles phones, social media's as a mode for availing information regarding goat farming.

Suggestion given by off-campus trainees	Suggestions given by on-campus trainees
Arrange more training programme preferably in the farmers own villages Arrange training during summer season mostly afternoon Provide more reading materials, magazines leaflets and CD's regarding goat production Provide more exposure visits as well as contact address of progressive farmers	Must improve the lodging and boarding facilities in the campus Provide special assistance for farmers planning to start large scale goat on a commercial basis Provide more effective after-training as continuing education programmes, contact and refresher trainings, seminars etc. Provide more exposure visits as well as contact address of progressive farmers
Constraints expressed by farmers rearing goats as an additional source of income	**Constraints expressed by entrepreneurs rearing goats on a commercial basis**
Non-availability of superior buck for breeding Scarcity of fodder and grazing land Lack of knowledge regarding scientific goat rearing Poor marketing facilities, often had to sell goats to middlemen at a lower rate. Non-availability of proper treatment and diagnosis of diseases Lack of government support when compared to dairy sector High feed and veterinary medicine cost	Difficulty in acquiring good quality goats in bulk for stating a goat farm. Lack of technical assistance regarding scientific goat rearing i.e., shed making, insurance of goats, schemes and subsidies, licensing, feeding, breeding and disease management, marketing and economics of goat farming. Difficulty in getting credit as loan from bank and other financial institutions. Scarcity of fodder and grazing land Huge labour cost in the state

<u>**Fig. 24.**</u>   <u>**Modelo Conceitual de Instituto de Capacitação para Empreendedores da Caprinocultura no Estado**</u>

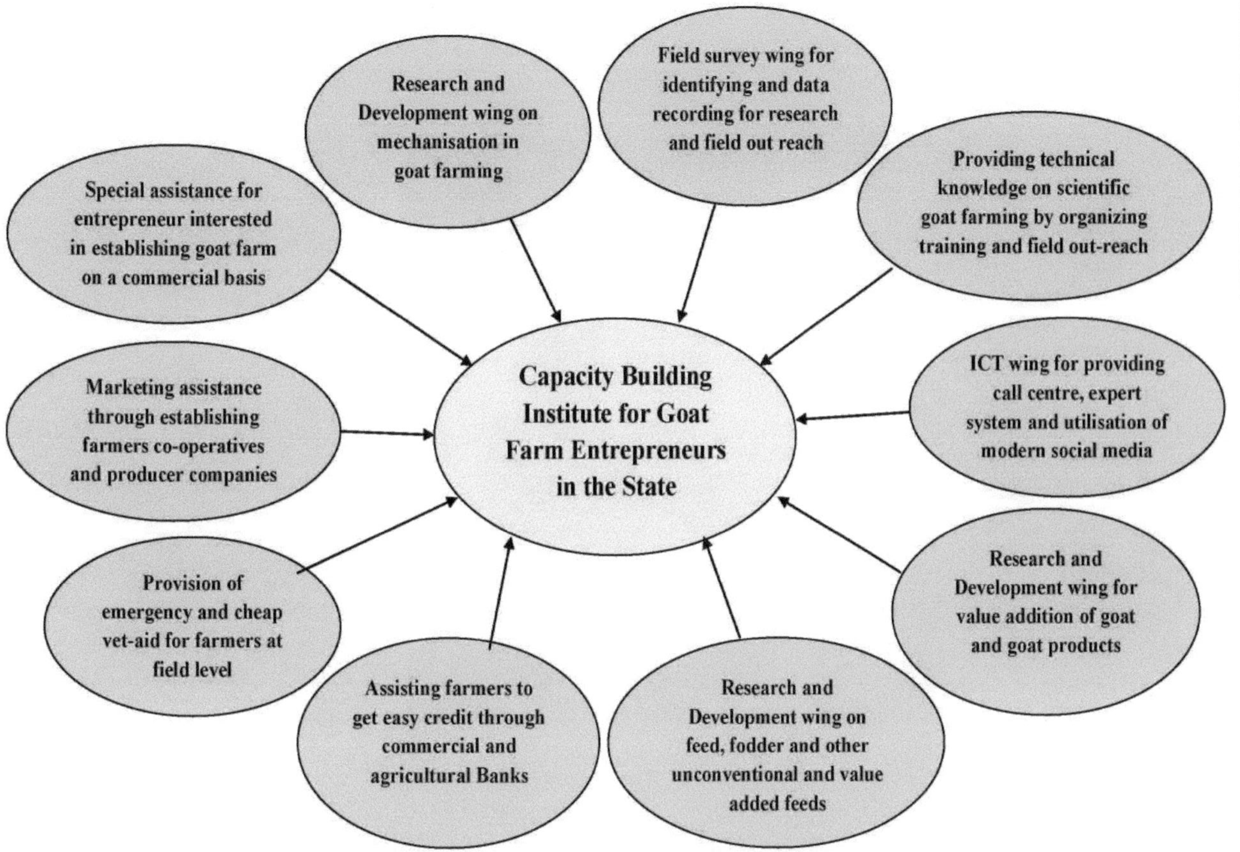

Placa no. 1. Participantes com o diretor do programa e o perito na matéria

Placa nº 2. Palestra introdutória do Dr. K.B Manomohan, Professor

Placa no. 3. Palestra sobre o "alojamento de cabras

Placa no. 4. Palestra sobre "Alimentação e aspectos nutricionais na criação de caprinos

Placa no. 5. Uma sessão interactiva na exploração de caprinos e ovinos com os formandos

Placa no. 6 Uma sessão interactiva entre os formandos e o chefe da exploração de caprinos e ovinos, Mannuthy, Thrissur

Placa no. 7. Distribuição do manual de formação pelo diretor da exploração de caprinos e ovinos, Mannuthy, Thrissur

Placa no. 8 Visita de campo à exploração de caprinos em Tirur Goat Farm, Thrissur

Placa no. 9 Visita de campo à exploração de caprinos em Thirur Goat Farm, Thrissur

Placa no. 10 Distribuição de certificados aos participantes

Placa 11. Apresentação de uma palestra durante um programa de formação

Placa 12. Apresentação de uma palestra durante um programa de formação

Placa 13. Apresentação de uma palestra durante um programa de formação

Placa 14. Apresentação de uma palestra durante um programa de formação

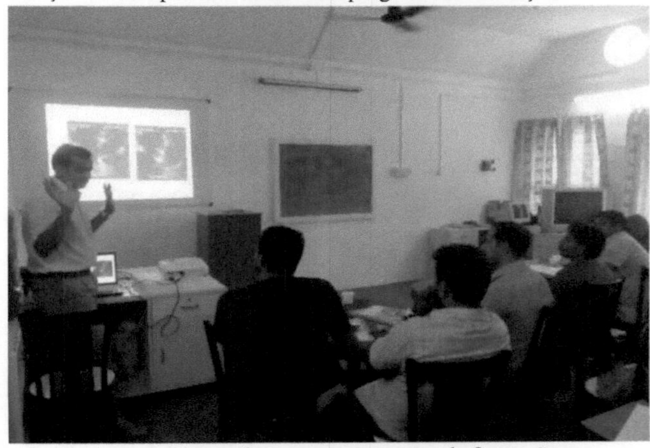

Placa 15. Apresentação de uma palestra durante um programa de formação

Placa 16. Apresentação de uma palestra durante um programa de formação

Placa 17. Apresentação de uma palestra durante um programa de formação

Placa 18. Formação no campus a nível estatal realizada em abril de 2015

Placa 19. Formação no campus a nível estatal realizada em abril de 2015

Placa 20. Formação no campus a nível estatal realizada em junho de 2015

Placa 21. Formação no campus a nível estatal realizada em junho de 2015

Placa 22. Formação no campus a nível estatal realizada em agosto de 2015

Placa 23. Formação a nível estatal no campus realizada em agosto de 2015

Placa 24. Formação fora do campus sobre criação comercial de caprinos - janeiro de 2016

Placa 25. Formação fora do campus sobre criação comercial de caprinos - fevereiro de 2016

Placa 26. Formação fora do campus sobre criação comercial de caprinos - março de 2016

CAPÍTULO 5
DISCUSSÃO

A discussão dos resultados é apresentada nos seguintes pontos

5.1. Características sócio-pessoais dos formandos seleccionados para o estudo.

5.2. Comportamento de procura de informação dos formandos seleccionados para o estudo.

5.3. Nível de conhecimentos sobre a criação científica de caprinos entre os formandos seleccionados para o estudo.

5.4. O grau de satisfação e a opinião dos formandos relativamente aos programas de formação.

5.5. Sugestões dadas pelos formandos relativamente ao programa de formação.

5.6. Correlação e regressão entre as variáveis sócio-pessoais e os conhecimentos adquiridos pelos formandos.

5.7. Constrangimentos e sugestões expressos pelos estagiários de caprinicultura relativamente à criação de cabras para fins comerciais

5.1. Características sociopessoais dos formandos seleccionados para o estudo.

Verificou-se que, entre os empresários do sector caprino estudados, a maioria pertencia a homens jovens e de meia-idade. As conclusões estão de acordo com as conclusões de Sharma et.al. (2007) e Tanwar et.al. (2008), mas são contrárias às conclusões de Byruhanga et.al. (2015). Além disso, os formandos que participaram na formação no campus eram maioritariamente do sexo masculino, ao passo que a participação feminina foi maior na formação fora do campus. Resultados semelhantes foram também observados por Raghavan e Raja (2012) e Narmatha et.al. (2015). Além disso, a maioria dos participantes no programa de formação pertencia à categoria geral, seguida dos muçulmanos e cristãos e das SC/ST. Este facto está de acordo com as conclusões de Singh et.al. (2013), mas é contrário às conclusões de Tanwar et.al. (2008), Behura et.al. (2009) e Deshpande et.al. (2009).

A maioria dos formandos que frequentaram a formação no campus tinha o ensino secundário ou mesmo o ensino superior, ao passo que o nível de instrução dos formandos da formação fora do campus era comparativamente baixo. Este facto está de acordo com as conclusões de Raghavan e Raja (2012), mas foi contrário às conclusões de Sharma et.al. (2007) e Tanwar et.al. (2008). Além disso, a maioria dos participantes na formação no campus era constituída por retornados do Golfo, ao passo que, no caso dos participantes na formação fora do campus, a maioria adoptou a criação de cabras como ocupação subsidiária da agricultura, do trabalho agrícola, da produção leiteira, etc. Esta constatação está de acordo com as conclusões de Tudu e Roy (2015a), Deshpande et. al. (2010) e Sharma et. al. (2007).

Além disso, entre os criadores de cabras que frequentaram a formação, a maioria tinha uma família nuclear e uma família com um máximo de quatro membros. Esta observação está de acordo com os resultados de Singh e Rai (2006), Tanwar et.al. (2008), Rai et. al. (2013) e Dixit e Singh (2014). A idade dos criadores de cabras, o tamanho da família e o grau de consciencialização têm um efeito positivo no tamanho do rebanho. Por conseguinte, os criadores de cabras com mais membros na família devem ser encorajados a aumentar a dimensão do efetivo como fonte de rendimento adicional.

Além disso, a maioria dos inquiridos eram agricultores marginais e trabalhadores sem terra entre os formandos fora do campus, ao passo que a maioria dos formandos no campus possuía elevadas propriedades fundiárias. Constatações semelhantes foram observadas por Singh e Rai (2006), Sharma et.al. (2007), Behura et.al. (2009) e Raghavan e Raja (2012). Além disso, a maioria dos criadores de cabras obtinha um rendimento mensal entre 4 000 e 8 000 rupias, com um efetivo de 10 a 30 animais. A maioria dos inquiridos não tinha recebido qualquer formação anteriormente. Este facto está de acordo com as conclusões de Sharma et al. (2007), Prasad et al. (2013) e é superior ao relatado por Raghavan e Raja (2012).

A maioria dos inquiridos estudados tinha um elevado nível de contacto com a agência de extensão, cosmo-polidez, inovação, mas um baixo nível de participação organizacional. Este facto está de acordo com as conclusões de Takale et.al. (2013) e Yadaw e Sharma (2012). Verificou-se que os inquiridos que participaram em acções de formação no campus e fora do campus preferiam esperar e levar tempo a adotar uma tecnologia melhorada relacionada com a agricultura. Além disso, verificou-se uma diferença acentuada entre o padrão de alojamento das cabras dos formandos no campus e fora do campus. No caso dos formandos no campus, a maioria seguia o sistema intensivo de criação de cabras. Não há ninguém que siga o sistema de criação de cabras ao ar livre. Este facto foi semelhante às conclusões de Kosgey et al. (2006), Sherbinin et al. (2008) e Bharwad et al. (2016). Isto mostra que Kerala tem vindo a passar lentamente de um sistema de gestão extensivo para um sistema de gestão intensivo para a produção comercial de cabras.

A maioria dos formandos que participaram na formação no campus não tinha experiência prévia na criação de cabras, ao passo que, no caso dos formandos que participaram na formação fora do campus, a maioria dos agricultores tem experiência e conhecimentos prévios sobre a criação de cabras. Metade dos inquiridos estudados vendia diretamente os caprinos aos consumidores, seguindo-se a venda de caprinos através de intermediários, através de grupos/organizações de SHG e a venda através do mercado. Houve uma diferença específica entre os padrões de venda dos formandos. A maioria dos inquiridos obtém crédito através de um banco nacional, seguido de dinheiro ou capital próprio, através de grupos de autoajuda, cooperativas e investidores privados. Relatórios semelhantes também foram feitos por Naidu et.al. (1991), Senthilkumar et.al. (2012), Sinivas et.al. (2014), Hegde e Deo (2015) e Byaruhanga et.al. (2015). Observou-se que o sistema de comercialização de caprinos e seus produtos e subprodutos está pouco desenvolvido no estado. Além disso, a comercialização de cabras envolve intermediários e comissionistas. Além disso, os criadores de cabras não estavam em condições de manter a produção durante mais tempo para tirar partido de melhores preços. Além disso, a maior parte do comércio de cabras baseava-se na espessura do músculo da cabra na região do lombo e da coxa e não no peso vivo das cabras. Os estagiários também expressaram a sua dificuldade em obter crédito através dos bancos. A burocracia pesada, a falta de empréstimos convenientes, a falta de importância dos empréstimos para a caprinicultura comercial, a atitude negativa dos gestores dos bancos em relação aos empréstimos para projectos de caprinos e a falta de apoio técnico dos institutos veterinários e de criação de animais foram os principais constrangimentos expressos pelos formandos a este respeito.

5.2. Comportamento de procura de informação dos formandos seleccionados para o estudo.

No que diz respeito à utilização da fonte de informação, os meios de comunicação social, como a televisão e os jornais, foram a principal fonte de informação frequentemente utilizada por ambas as categorias de inquiridos estudadas. Verificou-se que a maioria dos inquiridos utilizou a televisão e o jornal como fonte de informação. Resultados semelhantes foram também registados por Thombre et.al. (2010), Raghavan e Raja (2012) e Rashid et. al. (2015). Outro facto interessante observado foi o da utilização da Internet. A maioria dos formandos no campus utilizou frequentemente a Internet como fonte de informação, ao passo que entre os formandos fora do campus essa utilização foi escassa. Isto pode dever-se ao facto de a maioria dos formandos no campus ter um bom nível de educação, ser jovem ou de meia-idade e praticar a caprinicultura numa base comercial. Utilizam todas as tecnologias modernas de informação e comunicação, como a Internet, os meios de comunicação social, etc., para adquirirem novos conhecimentos sobre a criação de cabras. Por outro lado, os estagiários fora do campus eram na sua maioria mulheres, comparativamente menos instruídas, com baixa participação na organização, contacto com a extensão, cosmo-polidez e capacidade de inovação. Criam sobretudo cabras como fonte de rendimento subsidiário, com um sistema de criação semi-intensivo. A sua principal fonte de informação são os meios de comunicação social, como a televisão e os jornais.

5.3. Nível de conhecimentos sobre a criação científica de caprinos entre os formandos seleccionados para o estudo.

O impacto da formação no nível de conhecimentos dos participantes foi medido através de um teste 't' emparelhado e o valor 't' de todas as formações realizadas no campus e fora do campus foi considerado altamente significativo. No caso do nível de conhecimentos dos formandos do programa de formação fora do campus e no campus, este revelou uma tendência média a baixa antes da formação. Por outro lado, registou-se uma tendência de nível alto a médio no teste de conhecimentos realizado após a formação. Este facto foi semelhante às conclusões de George et. al. (2010), Meena et.al.(2011), Tanwar (2011), Yadaw e Sharma (2012), Soni et. al. (2013), Kavithaa et. al. (2014), Chethan et. al. (2015) e Bashir et. al. (2017).

5.4. O grau de satisfação e a opinião dos formandos relativamente aos programas de formação.

No que diz respeito à distribuição dos participantes inquiridos de acordo com o seu grau de satisfação com as facilidades proporcionadas durante o programa de formação, observou-se uma satisfação total em relação aos instrutores principais, ao programa em geral, à visita de exposição, aos materiais de estudo/manuais fornecidos durante a sessão de formação e ao conteúdo programático da formação. Meena e Singh (2015) também registaram resultados semelhantes. Verificou-se igualmente que a maioria dos inquiridos não estava satisfeita com as instalações de alojamento, seguidas das instalações de embarque, da disponibilidade de materiais de leitura e das instalações físicas na sala de aula (25,93%). Resultados semelhantes foram também observados por Singh et.al. (2015).

No que diz respeito à opinião dos inquiridos sobre o programa de formação, os inquiridos estudados concordaram fortemente com a maioria das afirmações solicitadas para obter a opinião sobre o programa de formação. Verificou-se também que a maioria dos inquiridos tinha uma opinião favorável média a elevada sobre o programa de formação.

5.5. Sugestões dadas pelos formandos relativamente ao programa de formação.

A fim de melhorar a eficácia do programa de formação profissional, foram tidas em conta as sugestões dos formandos. Verificou-se que a maioria dos inquiridos preferia que o programa de formação fosse organizado na sua própria aldeia e que o programa de formação fosse organizado no verão, sobretudo depois do meio-dia. A melhoria das instalações de alojamento e de alojamento, a disponibilização de mais materiais de leitura, CD's, folhetos, etc., a realização de mais visitas de exposição, bem como o endereço de contacto de agricultores progressistas, e a disponibilização de mais eficazmente após a formação para a aprendizagem contínua foram as principais sugestões dadas pelos formandos. Conclusões semelhantes foram também observadas por Singh et.al., (2015), Meena e Singh (2015) e Tekale et. al.(2013).

5.6. Correlação e regressão entre as variáveis sócio-pessoais e os conhecimentos adquiridos pelos formandos.

Em ordem. Foi efectuada uma análise de correlação de Pearson para compreender a associação entre as características dos agricultores e os conhecimentos por eles adquiridos relativamente às práticas de gestão científica dos caprinos e verificou-se que, das quinze variáveis estudadas, a idade, o sexo, a educação, a ocupação, a dimensão do rebanho, a experiência na criação de caprinos, a utilização dos meios de comunicação social, o contacto com a agência de extensão e o número de formações frequentadas tinham uma relação positiva e significativa com os conhecimentos adquiridos pelos formandos relativamente às práticas de gestão científica dos caprinos.

Kumar, et.al. (2010), no seu estudo sobre o papel dos caprinos na segurança dos meios de subsistência das populações rurais pobres da Índia, concluíram que, nos próximos anos, a criação de caprinos em sistemas intensivos e semi-intensivos ganhará importância. A criação de cabras no sistema extensivo tradicional diminuirá devido à redução contínua dos recursos comuns de pastagem. No entanto, a procura de carne de caprino, que é mais magra e tem baixo teor de colesterol, deverá aumentar a um ritmo mais rápido nos mercados nacional e internacional. A procura do mercado, o preço, a tecnologia e a disponibilidade de recursos decidiriam assim a direção e a forma da indústria caprina no país.

5.7. Constrangimentos e sugestões expressos pelos estagiários de caprinicultura relativamente à criação de cabras para fins comerciais

A indisponibilidade de reprodutores de qualidade superior foi o constrangimento mais importante sentido pelos detentores de cabras. Esta constatação é semelhante à de Tanwar (2011) e Jana et. al. (2014). Como solução para este fator, os criadores de cabras sugeriram a disponibilização de reprodutores melhorados a baixo preço. A falta de conhecimentos sobre a criação comercial de caprinos foi sentida como um constrangimento à adoção da criação comercial de caprinos e foi classificada em segundo lugar pelos formandos. Esta constatação é semelhante à relatada por Tekale et.al. (2013). Para resolver este problema, a maioria dos formandos sugeriu que fosse dada formação científica gratuita sobre a criação comercial de cabras. Além disso, sugeriram também a transmissão de conhecimentos sobre a criação melhorada de caprinos através dos meios de comunicação social, da utilização das modernas TIC, de seminários, etc. Como solução prática, a University Goat and Sheep Farm, Mannuthy, Thrissur, que é a estação de base do AICRP (unidade de Malabari), tem vindo a organizar programas de formação a nível estatal sobre a criação comercial de caprinos durante dois dias para os criadores de caprinos, jovens desempregados, jovens que abandonaram a escola, mulheres agricultoras e empresários, mediante pagamento. Periodicamente, os cientistas da KVASU organizam vários programas de formação sobre caprinicultura científica, dentro e fora do campus, gratuitos para os criadores de cabras, a fim de os sensibilizar para as mais recentes práticas de gestão científica na criação de cabras. A procura crescente de formação em matéria de criação de caprinos também sublinha a necessidade de criar um Instituto Regional de Formação e Investigação sobre Caprinos no Estado.

A escassez de forragens e de terras de pastagem foi a terceira questão que os criadores de cabras colocaram na adoção da caprinicultura comercial. Como solução para este problema, a maioria dos formandos sugeriu a disponibilização de terras de pastagem e de forragens de boa qualidade. A maior parte dos criadores de cabras do Estado são marginais e têm um terreno com menos de 50 cêntimos. Esta redução da disponibilidade de terras é um grande constrangimento para a criação de cabras. Por isso, os decisores políticos e os funcionários têm de considerar a distribuição das terras estéreis, das terras comuns e das terras baldias disponíveis para pastagem.

Os criadores de cabras podem estar mais conscientes e receber formação sobre a utilização eficiente e económica das terras de pastagem disponíveis. Além disso, deve ser promovida a prática da tecnologia de sacos de cultivo para a produção de forragens.

A falta de crédito foi um constrangimento sentido pelos criadores de cabras e esta constatação é semelhante à relatada por Yadaw e Sharma (2012). A adoção da caprinicultura numa base comercial exigiu mais investimentos. É verdade que os caprinicultores sem terra, marginais e pequenos, que têm um estatuto económico baixo, referiram a falta de dinheiro para comprar cabras, medicamentos, concentrados, vacinas e para construir um estábulo para as cabras. A concessão de um empréstimo a uma taxa de juro baixa por parte do banco nacional foi sugerida como solução para estes constrangimentos.

A indisponibilidade de infra-estruturas de mercado para a comercialização dos caprinos e dos produtos caprinos foi um constrangimento sentido pelos estagiários de caprinicultura, tendo sido classificado em quinto lugar. Esta constatação é semelhante à referida por Tanwar (2011). Como solução para este problema, os criadores de cabras sugeriram a criação de um mercado de cabras e de facilidades de transporte num local próximo. Além disso, sugeriram também a criação de organizações de produtores de caprinos a nível regional e de grupos de autoajuda a nível das aldeias. Sugeriram também que o preço das cabras fosse remunerado aquando da venda. O preço remunerador é um dos incentivos mais importantes para aumentar a adoção de caprinicultores comerciais, bem como a produção de caprinos (em termos de carne, leite, etc.). A formação de organizações de criadores de cabras, de grupos de autoajuda e de sistemas de inovação na criação de cabras (Chander e Rathod, 2015) proporcionará uma plataforma organizada para que os criadores comercializem coletivamente os seus produtos, eliminando assim a exploração dos intermediários neste sector e obtendo uma maior participação nos lucros líquidos.

A indisponibilidade de tratamento e diagnóstico adequados das doenças foi outro constrangimento sentido pelos criadores de cabras, ocupando o sexto lugar. Esta constatação é semelhante à referida por Mohan et.al. (2009). Como solução para este fator, os criadores de caprinos sugeriram a disponibilização de ajuda veterinária atempada, de medicamentos gratuitos do hospital veterinário público e de vacinas contra doenças contagiosas.

CAPÍTULO 6
RESUMO

O presente estudo, intitulado "A study on training programme conducted by All India Co ordinated Research Project (Malabari unit) for goat farmers in Kerala", foi realizado com o objetivo de identificar as características dos participantes e o impacto dos programas de formação no ganho global de conhecimentos sobre o maneio científico dos caprinos, conhecer a opinião, o grau de satisfação com as facilidades oferecidas e as sugestões dos agricultores relativamente aos programas de formação, descobrir os factores determinantes da aquisição global de conhecimentos sobre o maneio científico dos caprinicultores e estudar os condicionalismos e as sugestões dadas pelos participantes para iniciar e manter uma exploração caprina numa base comercial.

Quatro programas de formação no campus e três fora do campus organizados pelo AICRP (Unidade Malabari) no ano financeiro de 2015-16 foram seleccionados aleatoriamente para o estudo. Um total de 197 agricultores que participaram nas formações no campus (124 n.º) e fora do campus (73 n.º) constituíram a amostra do estudo.

Verificou-se que a maioria dos empresários do sector caprino estudados era jovem ou de meia-idade. No caso dos formandos que participaram na formação no campus, a maioria era do sexo masculino, ao passo que a participação feminina foi maior na formação fora do campus. Além disso, a maioria dos participantes no programa de formação pertencia à categoria geral, seguida dos muçulmanos e das SC/ST. A maioria dos formandos que participaram na formação no campus tinha o ensino secundário ou mesmo o ensino superior, ao passo que o nível de instrução dos formandos da formação fora do campus era comparativamente baixo. Além disso, a maioria dos participantes na formação no campus eram retornados do Golfo, ao passo que, no caso dos participantes na formação fora do campus, a maioria tinha a caprinicultura como ocupação subsidiária da agricultura, do trabalho agrícola, da produção leiteira, etc. Para além disso, entre os criadores de cabras que participaram na formação, a maioria tinha uma família nuclear e uma família com um máximo de quatro membros. A idade dos criadores de cabras, a dimensão da família e o grau de consciencialização têm um efeito positivo na dimensão do rebanho. Assim, os caprinicultores que têm mais membros na família devem ser encorajados a aumentar a dimensão do rebanho como fonte adicional de rendimento.

Além disso, a maioria dos inquiridos eram agricultores marginais e trabalhadores sem terra entre os formandos fora do campus, ao passo que a maioria dos formandos no campus possuía grandes propriedades. Além disso, a maioria dos criadores de cabras obtinha um rendimento mensal entre 4 000 e 8 000 rupias, com um efetivo de 10 a 30 animais. A maioria dos inquiridos nunca tinha frequentado qualquer formação.

A maioria dos inquiridos estudados tinha um elevado nível de contacto com as agências de extensão, de cosmo-polidez, de inovação, mas um baixo nível de participação organizacional. Verificou-se que os inquiridos que frequentaram a formação no campus e fora do campus preferiam esperar e levar tempo para adotar uma tecnologia melhorada relacionada com a agricultura. Além disso, verificou-se uma diferença acentuada entre o padrão de alojamento das cabras dos formandos no campus e fora do campus. No caso dos formandos dentro e fora do campus, a maioria seguia o sistema intensivo de criação de cabras. Não há ninguém que siga o sistema de criação de cabras ao ar livre. Isto mostra que Kerala tem vindo a passar lentamente do sistema extensivo para o sistema intensivo de gestão da produção comercial de caprinos.

A maioria dos formandos que participaram na formação no campus não tinha experiência prévia na criação de cabras, ao passo que, no caso dos formandos que participaram na formação fora do campus, a maioria dos agricultores tem experiência e conhecimentos prévios sobre a criação de cabras. Metade dos inquiridos estudados vendia diretamente os caprinos aos consumidores, seguindo-se a venda de caprinos através de intermediários, através de grupos/organizações de SHG e a venda através do mercado. Houve uma diferença específica entre os padrões de venda dos formandos. A maioria dos inquiridos obtém crédito através de um banco nacional, seguido de dinheiro ou capital próprio, através de grupos de autoajuda, cooperativas e investidores privados. Observou-se que o sistema de comercialização dos caprinos e dos seus produtos e subprodutos está pouco desenvolvido no Estado. Além disso, a comercialização de cabras envolve intermediários e comissionistas. Além disso, os criadores de caprinos não estavam em condições de conservar os produtos durante mais tempo para poderem beneficiar de melhores preços. Além disso, a maior parte do comércio de cabras baseia-se na espessura do músculo da cabra na região do lombo e da coxa e não no peso vivo das cabras. Os estagiários também expressaram a sua dificuldade em obter crédito através dos bancos. A burocracia pesada, a falta de empréstimos convenientes, a falta de importância dos empréstimos para a caprinicultura comercial, a atitude negativa dos gestores dos bancos em relação aos empréstimos para projectos de caprinos e a falta de apoio técnico dos institutos veterinários e de criação de animais foram os principais constrangimentos expressos pelos formandos a este respeito.

No que diz respeito à utilização da fonte de informação, os meios de comunicação social, como a televisão e os jornais, foram a principal fonte de informação frequentemente utilizada por ambas as categorias de inquiridos estudadas. Verificou-se que a maioria dos inquiridos utilizava a televisão e o jornal como fonte de informação. Outro facto interessante observado foi o da utilização da Internet. A maioria dos formandos no campus utilizou frequentemente a Internet como fonte de informação, ao passo que entre os formandos fora do campus essa utilização foi escassa. Isto pode dever-se ao facto de a maioria dos formandos no campus ter um bom nível de educação, ser jovem ou de meia-idade e praticar a caprinicultura numa base comercial. Utilizam todas as tecnologias modernas de informação e comunicação, como a Internet, os meios de comunicação social, etc., para adquirirem novos conhecimentos sobre a criação de cabras. Por outro lado, os estagiários fora do campus eram na sua maioria mulheres, comparativamente menos instruídas, com baixa participação na organização, contacto com a extensão, cosmo-polidez e capacidade de inovação. Criam sobretudo cabras como fonte de rendimento subsidiário, com um sistema de criação semi-intensivo. A sua principal fonte de informação são os meios de comunicação social, como a televisão e os jornais.

O impacto da formação no nível de conhecimentos dos participantes foi medido através de um teste 't' emparelhado e o valor 't' de todas as formações realizadas no campus e fora do campus foi considerado altamente significativo. No caso do nível de conhecimentos dos formandos do programa de formação fora do campus e no campus, este revelou uma tendência média a baixa antes da formação. Por outro lado, registou-se uma tendência de nível alto a médio no teste de conhecimentos realizado após a formação.

No que diz respeito à distribuição dos participantes inquiridos de acordo com o seu grau de satisfação com as instalações disponibilizadas durante o programa de formação, observou-se uma satisfação total em relação aos instrutores principais, ao programa em geral, à visita de exposição, aos materiais de estudo/folhetos fornecidos durante a sessão de formação e ao conteúdo programático da formação. Verificou-se também que a maioria dos inquiridos não estava satisfeita com as instalações de alojamento, seguidas das instalações de embarque, da disponibilidade de materiais de leitura e das instalações físicas na sala de aula. No que diz respeito à opinião dos inquiridos sobre o programa de formação, os inquiridos estudados concordaram fortemente com a maioria das afirmações solicitadas para obter a opinião sobre o programa de formação. Verificou-se também que a maioria dos inquiridos tinha uma opinião favorável média a elevada sobre o programa de formação.

A fim de melhorar a eficácia do programa de formação profissional, foram tidas em conta as sugestões dos formandos. Verificou-se que a maioria dos inquiridos preferia que o programa de formação fosse organizado na sua própria aldeia e que o programa de formação fosse organizado no verão, sobretudo depois do meio-dia. A melhoria das instalações de alojamento e de alojamento, a disponibilização de mais materiais de leitura, CD, folhetos, etc., a realização de mais visitas de exposição, bem como o endereço de contacto de agricultores progressistas, e a disponibilização de uma formação pós-formação mais eficaz para a aprendizagem contínua foram as principais sugestões dadas pelos formandos.

A associação entre as características dos agricultores e os conhecimentos por eles adquiridos relativamente às práticas de maneio científico dos caprinos mostrou que a idade, o sexo, a educação, a ocupação, a dimensão do rebanho, a experiência na criação de caprinos, a utilização dos meios de comunicação social, o contacto com a agência de extensão e o número de formações frequentadas tinham uma relação positiva e significativa com os conhecimentos adquiridos pelos formandos relativamente às práticas de maneio científico dos caprinos.

A indisponibilidade de reprodutores de qualidade superior foi o maior constrangimento expresso pelos criadores de cabras do estudo. Como solução para este fator, os criadores de cabras sugeriram que se deveria prever a possibilidade de dispor de um macho melhorado a baixo preço. Como solução prática, o AICRP (Unidade de Malabari), sob o departamento do Centro de Estudos Avançados em Genética e Criação Animal, que é financiado pelo ICAR, já iniciou o fornecimento de reprodutores de qualidade superior na sua área de atividade. As preocupações dos criadores de cabras sugerem que se aumente o número de reprodutores fornecidos no âmbito do projeto.

A falta de conhecimentos sobre a criação comercial de caprinos foi outro constrangimento expresso pelos criadores de caprinos. Para resolver este problema, os criadores de cabras. Para resolver este problema, os criadores de cabras sugeriram que fosse dada formação científica gratuita sobre a criação comercial de cabras. Outras sugestões foram a transmissão de conhecimentos sobre a criação científica de cabras através dos meios de comunicação social, a utilização de tecnologias modernas de informação e comunicação, etc. Como solução prática, a University Goat and Sheep Farm, Mannuthy, Thrissur, com a assistência da Direção de Empreendedorismo, Kerala Veterinary and Animal Sciences,
Pookode, Wayanad, Kerala, tem vindo a organizar programas de formação de dois dias a nível estatal sobre criação comercial de cabras para os criadores de cabras, jovens desempregados, jovens que abandonaram a escola, mulheres agricultoras, retornados do Golfo e empresários, mediante pagamento. Periodicamente, os cientistas da KVASU organizam programas de formação sobre a criação científica de cabras dentro e fora do campus. A procura crescente de formação em caprinicultura indica também a necessidade de criar um Instituto Regional de Formação e Investigação sobre Caprinos na região norte de Kerala.

A falta de forragens e de pastagens foi classificada como o principal obstáculo à adoção da caprinicultura comercial. Como solução para este fator, os criadores de cabras sugeriram a disponibilização de forragens e pastagens de boa qualidade. A diminuição das terras é um grande obstáculo à criação de cabras em Kerala. Por isso, os decisores políticos e os funcionários têm de considerar a distribuição das terras estéreis, das terras comuns e das terras baldias disponíveis para pastagem. Os criadores de cabras devem ser sensibilizados e formados para uma utilização eficiente e económica das terras de pastagem disponíveis. Além disso, deve ser promovida a prática da tecnologia dos sacos de cultivo e do cultivo vertical de forragens.

A falta de facilidades de crédito foi um constrangimento expresso pelos criadores de cabras. Como solução para este constrangimento, os criadores de cabras sugeriram a concessão de empréstimos a juros baixos por parte dos bancos nacionais.

Um outro constrangimento expresso foi a indisponibilidade de infra-estruturas de mercado para a comercialização das cabras. Como solução para este problema, os criadores de cabras sugeriram a criação de um mercado de cabras e de facilidades de transporte em locais próximos. Além disso, sugeriram também a criação de uma organização de produtores de caprinos a nível regional e de SHGs a nível das aldeias. Sugeriram também que o preço das cabras fosse remunerado aquando da venda. A formação de organizações de produtores e de grupos de autoajuda de caprinicultores proporcionará uma plataforma organizada para que os produtores comercializem coletivamente os seus produtos, eliminando assim a exploração dos intermediários neste sector e obtendo mais lucros líquidos.

A indisponibilidade de tratamento adequado e de diagnóstico das doenças foi o outro constrangimento expresso. Para resolver este problema, os criadores de cabras sugerem a disponibilização atempada de médicos veterinários e a distribuição gratuita de medicamentos e vacinas nos hospitais veterinários.

Sugestões / recomendações

1) Proporcionar boas condições de alojamento e de alimentação aos participantes, disponibilizando aos agricultores instalações de acolhimento ou dormitórios no campus.
2) Melhorar as infra-estruturas para a realização de formações no local de forma eficaz.
3) Há uma clara distinção entre as características, a educação, o estatuto social e financeiro e as necessidades dos formandos no campus e fora do campus. Este facto deve ser tido em conta ao tomar qualquer decisão política relativa à criação de caprinos no Estado.
4) A maior parte dos formandos fora do campus eram mulheres de meia-idade a idosas, não socialmente e economicamente sãs e criavam cabras como meio de rendimento subsidiário para a família, pelo que se pode proceder à distribuição de ração, forragem e assistência na construção de estábulos de boa qualidade para as cabras.
5) A maior parte dos formandos no campus eram jovens de meia-idade, na sua maioria homens, entusiastas, social e economicamente sólidos, na sua maioria NRI's e retornados do Golfo, ou jovens desempregados ou subempregados, que desejam criar numa base comercial. Deve ser prestada uma assistência especial a estes empresários, por exemplo, no que respeita à obtenção de empréstimos bancários, ao apoio técnico em matéria de construção de pavilhões, à formulação de rações e forragens, à criação e à gestão de doenças, etc.
6) Prestação de mais apoio técnico através da realização de mais acções de formação, programas de sensibilização no terreno, etc.
7) Os criadores de cabras não podem comprar literatura por falta de dinheiro. Assim, se a literatura for disponibilizada numa biblioteca em grande escala. Os criadores de cabras poderão utilizá-la nas suas horas de lazer.
8) Fornecimento gratuito de folhetos, pastas e revistas agrícolas.
9) Manutenção de um banco de dados de perfis de agricultores progressistas no estado e organização de visitas de campo a diferentes explorações de caprinos.
10) Criação de um instituto para o reforço das capacidades dos empresários do sector caprino no Estado.

REFERÊNCIA

Anand, G. 2003. Marketing behaviour of banana growers of Tiruchirapalli district. Tese de Mestrado (Ag.) não publicada, Universidade Agrícola de Tamil Nadu, Coimbatore.

Bashir, B.P., Venkatachalapathy, T.R e Rojan, P.M. 2017. Restrições e sugestões expressas pelos detentores de cabras na criação comercial de cabras na região norte de Kerala, *Indian Journal of Social Research,* 58 (2): 213-220.

Behura, N. C., Parida, G. S., Mishra, S. K e Dehuri, P. K. 2009. Contribution of small ruminants to sustainable livelihood of villagers in Koraput district of Orissa, *Indian Journal of Small Ruminants,* 15(1):62-67.

Braj Mohan, B., Sagar, R.L e Singh, K. 2009. Factores relacionados com a promoção da criação científica de cabras, Indian Research Journal of Extension Education, 9(3):47-50.

Chander, M e Rathod, P. 2015. Livestock Innovation System: Reinventing public research and extension system in India (Reinventar o sistema público de investigação e extensão na Índia). *Jornal Indiano de Ciências Animais* 85: 1155-1163

Chander, M e Rathod, P.K. 2015. Livestock Innovation System: Reinventing public research and extension system in India (Reinventar o sistema público de investigação e extensão na Índia). Jornal Indiano de Ciências Animais, 85(11):1155-1163.

Chaturvedi, O.H., Sankhyan, S. K., Mann, J. S e Karim, S. A. 2008. Livestock holding pattern and feeding practices in semi-arid Eastern region of Rajasthan, *Indian Journal of Small Ruminants,* 14(2):224- 229.

Deshpande, S.B., Sabapara, G.P e Kharadi, V.B. 2009. A study on breeding and healthcare management practices followed by goat keepers in South Gujarat Region, *Indian Journal of Animal Research,* 43(4):259- 262.

Deshpande, S.B., Sabapara, G.P e Kharadi, V.B. 2010. Socio-economic status of goat keepers of South Gujarat Region. Indian Journal of Small Ruminants, 16(1):92-96.

Dixit, A. K e Singh, M.K. 2014a. Factores que determinam o tamanho do rebanho de cabras na região de Bundelkhand de Uttar Pradesh, Agricultural Economic Research Review, 27(2):315-318.

Dixit, A.K e Mohan, B. 2014b. Economia da produção de cabras no distrito de Mathura de Uttar Pradesh, Indian Journal of Small Ruminants, 20(2):96- 98.

George, P.R., Ranganathan, T.T., Simon, S e Pradeep, C.A. 2010. Knowledge of farm women of Wayanad district, Kerala about goat rearing practices, Indian Journal of Animal Research, 44(1):61-63.

Gopi, R. 2012. Dinâmica da informação na transferência de tecnologias de produção leiteira. Tese de mestrado não publicada, Universidade de Ciências Veterinárias e Animais de Tamil Nadu, Chennai.

Hegde, N.G e Deo, A.D. 2015. Goat value chain development for empowering rural women in India, Indian Journal of Animal Sciences, 85(9):935-940.

Jana, C., Rahman, F.H., Mondal, S.K e Singh, A.K. 2014. Práticas de gestão e constrangimentos percebidos na criação de cabras no distrito de Burdwan de Bengala Ocidental, Indian Research Journal of Extension Education, 14 (2): 107-110.

Kavithaa, N.V., Jiji, R.S e Rajkumar, N.V. 2014. Conhecimento e atitude dos membros de grupos de autoajuda de mulheres na criação de cabras no distrito de Thrissur. Revista Internacional de Ciência, ambiente, 3(1):198-202.

Keiko, S. 2011. Goat rearing practices and the limited effects of the SHG programme in India: Evidence from a Tamil Nadu Village, Southeast Asian Studies, 49(1):52-73.

Kumar, S e Kushwaha, R.K. 2010. Causes for technological adoption gaps among Jamunapari goat keepers of Etawah, Journal of Community Mobilization and Sustainable Development, 5(1):63-66.

Kumar, S., Rao, R., Kareemulla, K e Venkateswarlu, B. 2010. Role of goats in livelihood security of rural poor in the less favoured environments, Indian Journal of Agricultural Economics,

65(4):760-781.

Kumar, S., Vaid, R.K e Sagar, R. L. 2006. Contribution of goats to livelihood security of small ruminant farmers in semi-arid region, Indian Journal of Small Ruminants, 12(1):61-66.

Kumar, V., Singh, K., Dixit, A.K e Mohan, B. 2012. Awareness among goat keepers about CIRG helpline service (Consciencialização dos criadores de cabras sobre o serviço de linha de apoio do CIRG). Indian Journal of Small Ruminants, 18(2):250-252.

Lahoti, S.R., Chole, S.R e Rathi, N.S. 2015. Constrangimentos enfrentados pelos detentores de cabras na utilização dos meios de comunicação. Jornal Indiano de Investigação Animal, 49(1):150-151.

Meena, M.L e Singh, D. 2015. Training needs of goat keepers in Marwar region of Rajasthan (Necessidades de formação dos criadores de cabras na região de Marwar do Rajastão). Indian Journal of Small Ruminants, 21(1):161- 164.

Naidu, A., Rao, S., Chandramouli, A. K. e SeshagiriRao, K. 1991. Marketing of goats and sheep: Actas do seminário sobre sistemas de manuseamento de carne e subprodutos de matadouros. CLRI, Madras. 15-17 de julho. Pankaj Lavania e Singh, P. K. 2008. Goat marketing practices in Southern Rajasthan, Indian Journal of Small Ruminants, 14:99-102.

Narmatha, N. 1994. Um estudo sobre o papel das mulheres na criação de aves de capoeira. Tese de mestrado não publicada, Universidade de Ciências Veterinárias e Animais de Tamil Nadu, Chennai.

Peacock, C e Sherman, D.M. 2010. Produção sustentável de caprinos - algumas perspectivas globais. Small Ruminant Research, 89:70-80.

Prasad, R., Singh, A. K., Singh, L e Singh, A. 2013. Economics of goat farming under traditional low input production system in Uttar Pradesh, Indian Research Journal of Extension Education, 13(2):62- 66.

Raghavan, K.C. e Raja, T.V. 2012. Análise do estatuto socioeconómico dos criadores de cabras da região de Malabar, em Kerala. Veterinary Research, 5(4):74-76.

Rai, B., Singh, M.K., Dixit, A.K e Rai, R.B. 2013. Segurança dos meios de subsistência através de práticas melhoradas de criação de cabras em condições de campo. Indian Journal of Small Ruminants, 19(2):198-201.

Rashid, M.M., Mondol, M.A.S., Rahman, M.S e Noman, M.R.A.F. 2015. Utilização de fontes de comunicação pelas mulheres beneficiárias do RDRS em actividades geradoras de rendimento. Revista Internacional de Extensão Agrícola, 3(3):187-194

Senthilkumar, K. 1999. Uma análise crítica da perceção dos formandos de Krishi Vigyan Kendra. Tese de mestrado não publicada, Universidade de Ciências Veterinárias e Animais de Tamil Nadu, Chennai.

Senthilkumar, S e Thanaseelaan, V. 2013. Training needs assessment of small ruminant farmers in Southern Tamil Nadu, The Indian Journal of Small Ruminants, 19(2):232-234.

Senthilkumar, S., Ramprabhu, R e Pandian, S. S. 2012. Práticas de comercialização de pequenos ruminantes no sul de Tamil Nadu: Um estudo de caso. Indian Journal of Small Ruminants, 18(1):129-131.

Sharma, M.C., Pathodiya, O.P., Jingar, S.C e Gaur, M. 2007. A study on socio-economic status of goat criers and adoption of management practices (Um estudo sobre o estatuto socioeconómico dos criadores de cabras e a adoção de práticas de gestão). Indian Journal of Small Ruminants, 13(1):75-83.

Sharma, S.K. 2006. A study on functioning of Kisan Seva Kendra (KSKs) in Udaipur district of Rajasthan, Unpublished M.Sc. thesis, University of Agricultural Sciences, Dharwad,

Karnataka.

Shashidhara, K.K. 2003. Um estudo sobre o perfil socioeconómico dos agricultores de irrigação por gotejamento nos distritos de Shimoga e Davangere de Karnataka. Tese de Mestrado (Agri.) não publicada, Universidade de Ciências Agrícolas, Dharwad, Karnataka.

Singh, K.1977. Um estudo sobre a situação dos agricultores neo marginais e o impacto socioeconómico da nova tecnologia agrícola. Tese de doutoramento não publicada, Instituto Indiano de Investigação Agrícola, Nova Deli.

Singh, M.K e Rai, B. 2006. Barbari breed of goat: Reasons of dilution in its home tract, Indian journal of Animal Sciences, 76(9):716-719.

Singh, M.K., Dixit, A.K., Roy, A.K e Singh, S.K. 2013. Criação de cabras: A pathway for sustainable livelihood security in Bundhelkhand region, Agricultural Economics Research Review, 26(1):79-88

Singh, M.K., Dixit, A.K., Roy, A.K e Singh, S.K. 2014. Análise das perspectivas e problemas da produção de cabras na região de Bundelkhand. Range Management and Agroforestry, 35(1):163-168.

Singh, R. K., Dubey, S.K., Oraon, D., Pandey, V.K., Rai, V.P., Singh, U.K e Alam, Z. 2015. Impact of training programme on the gain in knowledge of farmers in Chatra District of Jharkhand, Journal of Krishi Vigyan, 3(2):59-61.

Soni, R.L., Intodia, S.K. e Singh, R. 2013. Reação dos agricultores tribais à criação de cabras no âmbito do NAIP-III, Gujarat Journal of Extension Education, 21:177-179.

Srinivas, T., Hassan, A.A., Rischkowsky, B., Tibbo, M., Rizvi, J e Naseri, A.H. 2014. Factores que afectam os produtores de cabras na escolha do mercado e na eficiência da comercialização no Afeganistão. Jornal Indiano de Ciências Animais, 84(12):1309-1314.

Sudeepkumar, N.K. 1992. Eficácia da formação em tecnologia de produção leiteira. Tese de mestrado não publicada, Universidade de Ciências Veterinárias e Animais de Tamil Nadu, Chennai.

Tanwar, P.S. 2011. Constrangimentos percebidos pelos criadores de cabras na adoção de práticas de criação de cabras no Rajastão semi-árido. Jornal de Mobilização Comunitária e Desenvolvimento Sustentável, 6(1):10-111.

Tanwar, P.S., Vaishanava, C.S e Sharma, V. 2008. A study on socioeconomic aspects of goat keepers and management practices prevailed in the tribal area of Udaipur district of Rajasthan, Indian Journal of Animal Research, 42(1):71-74.

Tekale, M., Deshmukh, D.S., Rathod, P e Sawant, M. 2013. Training needs of goat keepers in Maharashtra, Indian Research Journal of Extension Education, 13(2):67-71.

Thombre, B.M., Suradkar, D.D e Mande, J.V. 2010. Adoção de práticas melhoradas de criação de cabras no distrito de Osmanabad, Indian Journal of Animal Research, 44(4):260-264.

Triwedi, G. 1963. Measurement and analysis of socio economic status of rural families (Medição e análise da situação socioeconómica das famílias rurais). Tese de doutoramento não publicada, Instituto Indiano de Investigação Agrícola, Nova Deli.

Tudu, N.K e Roy, D.C. 2015a. Perfil socioeconómico das mulheres detentoras de cabras e desafios de criação de cabras no distrito de Nadia, em Bengala Ocidental. Revista Internacional de Ciência, Ambiente e Tecnologia, 4(2):331-336.

Tudu, N.K e Roy, D.C. 2015b. Participação das mulheres na tomada de decisões na criação de cabras no distrito de Nadia, em Bengala Ocidental. Revista Internacional de Ciências Sociais e Gestão, 2(2):119-122.

Yadaw, K.N e Sharma, M.L 2012. Adoption and Adoption gap of goat keepers towards recommended goat rearing practices, Indian Research Journal of Extension Education, 12(2):77-80.

Bharwad, A.M., Vaidya, A.C. e Joshi, N.H. 2016. Desenvolvimento de escala para medir a atitude dos detentores de cabras em relação à criação de cabras. Gujarat Journal of Extension Education, 27(2):116-118.

Narmatha, N., Sakthivel, K.M., Uma, V., Jothilaksmi, M e Kumar, A. 2015. Gender Analysis in participation and decision making pattern in Small Ruminants Production System- Tamil Nadu, Journal of Human Ecology, 49(1 and 2):149-152.

Chethan, G.N., Kumar, S.R., Rajkamal, P.J e Mohan, C.B. 2015. Conhecimento e Atitude dos beneficiários do Programa de Desenvolvimento Pecuário para Apoio aos Meios de Subsistência (Ldls) na Criação de Cabras no Distrito de Wayanad de Kerala, Índia, International Research Journal of Social Sciences, 4(3):1-6.

Sinn, R., Ketzis, J e Chen, T. 1999. The role of women in the sheep and goat sector. Small Ruminant Research, 34:259-269.

Byaruhanga, C., Oluka, J e Olinga, S. 2015. Aspectos socioeconómicos da produção de cabras num sistema agro-pastoril rural do Uganda. Revista Universal de Investigação Agrícola, 3(6):203-210.

Alex, R., Raghavan, K.C e Thomas, N. 2013. Retornos e determinantes da eficiência técnica em unidades de produção de cabras Malabari de pequena escala em Kerala, Índia. Tropical Animal Health and Production,45:1663-1668.

RESUMO

Foi realizado um estudo com o objetivo de analisar o impacto dos programas de formação conduzidos pelo AICRP (Unidade de Malabari) no ganho global de conhecimentos sobre o maneio científico das cabras entre os criadores de cabras. O impacto da formação no nível de conhecimentos dos participantes foi considerado altamente significativo. No caso do nível de conhecimentos dos formandos dos programas de formação fora do campus e no campus, a tendência era média a baixa antes da formação. Por outro lado, registou-se uma tendência de nível alto a médio no teste de conhecimentos realizado após a formação. A maioria dos inquiridos não estava satisfeita com as instalações de alojamento, seguidas das instalações de alojamento, disponibilidade de materiais de leitura e instalações físicas nas salas de aula. A maioria dos inquiridos tinha uma opinião favorável média a elevada sobre o programa de formação. A maioria dos inquiridos preferia que o programa de formação fosse organizado na sua própria aldeia, seguido da organização do programa de formação na época de verão, sobretudo depois do meio-dia. A melhoria das instalações de alojamento e de alojamento, o fornecimento de mais materiais de leitura, folhetos, etc. foram as principais sugestões dadas pelos formandos. A associação entre as características dos agricultores e os conhecimentos que adquiriram sobre as práticas de maneio científico das cabras mostrou que a idade, o sexo, a educação, a profissão, a dimensão do rebanho, a experiência na criação de cabras, a utilização dos meios de comunicação social, o contacto com as agências de extensão e o número de acções de formação frequentadas tinham uma relação positiva e significativa com os conhecimentos adquiridos pelos formandos sobre as práticas de maneio científico das cabras. A indisponibilidade de reprodutores superiores foi o principal constrangimento e sugeriu-se o fornecimento de reprodutores geneticamente superiores a baixo preço. A falta de conhecimentos sobre a criação comercial de cabras foi outro constrangimento expresso pelos criadores de cabras. Como solução, os criadores de cabras sugeriram a oferta de formação científica sobre a criação comercial de cabras a custo zero. A procura crescente de formação em caprinicultura indica também a necessidade de criar um Instituto Regional de Formação e Investigação sobre Caprinos na região norte de Kerala. A falta de facilidades de crédito foi um constrangimento e, como solução, os criadores de cabras sugeriram a concessão de empréstimos a taxas de juro baixas por parte dos bancos nacionais. Outro constrangimento expresso foi a indisponibilidade de infra-estruturas de mercado para a comercialização de cabras. Os criadores de cabras sugeriram também a criação de uma organização de produtores de cabras a nível regional. Os criadores de cabras sugerem a disponibilização de médicos veterinários a tempo e a distribuição gratuita de medicamentos e vacinas nos hospitais veterinários.